人工智能与国际准则

李仁涵 编著

上海三联书店

参与人员名单

研究执笔专家组组长：李仁涵，上海交通大学人工智能研究院。

研究执笔专家组副组长：季卫东，上海交通大学中国法与社会研究院；杨小康，上海交通大学人工智能研究院。

第一章研究执笔专家：王家宝，上海大学管理学院；于晓宇，上海大学管理学院；李澳，上海大学管理学院；蒋铭霖，上海大学管理学院；王韫博，上海交通大学人工智能研究院。

第二章研究执笔专家：杜严勇，上海交通大学马克思主义学院；蒋鹏宇，上海交通大学马克思主义学院。

第三章研究执笔专家：林浩舟，上海交通大学中国法与社会研究院；唐林，上海交通大学凯原法学院；叶璐，上海交通大学档案文博管理中心；胡寅，上海交通大学凯原法学院；瞿晶晶，人工智能上海实验室；黄庆桥，上海交通大学马克思主义学院；黄蕾宇，上海交通大学人工智能研究院；赵泽睿，上海交通大学凯原法学院。

第四章研究执笔专家：李仁涵，上海交通大学人工智能研究院；黄庆桥，上海交通大学马克思主义学院；王家宝，上海大学管理学院；王韫博，上海交通大学人工智能研究院；林浩舟，上海交通大学中国法与社会研究院。

序

　　随着互联网、大数据和人工智能的迅猛发展,数字经济已经成为世界产业结构转型的重要引擎,中国不少企业在数字经济的发展上已经起到了引领先锋的作用。然而,中国的大数据产业、人工智能产业和互联网经济在"走出去"时面临着一个重大问题,即相关国际规则的限制。因此,首先必须把现有的国际规则研究透,一方面要按照既定的国际共识,改进我国的技术规格,完善相应的法律规则,另一方面要鼓励我国企业在"出海"的过程中维护自身的合法权益。其次,要根据我国的发展实际不断创新和修正已有规则,并积极参与人工智能等相关国际规则的制定,引领全球数字经济发展。这也是我理解李仁涵教授牵头开展《人工智能与国际准则》项目研究的主要动因。

　　人类在人工智能技术的发展原则方面已取得了一定共识,比如 2019 年 G20 国家采纳的"包容、可持续发展与福祉;以人为本的价值观和公平;透明和可解释性;健壮性和安全性;可问责制"等五项人工智能监管原则,以及欧盟提出的基于风险的人工智能监管框架等理念。这些监管原则和理念在过去几年里得以快速落实,促生了一系列先进的具体措施和做法,值得我国借鉴学习。但是我们必须要看到,主导人工智能规则的制定以及相关国际合作的仍然是西方发达国家。而对西方国家来说,中国的形象主要是技术竞争的对手、规则同化的对象;而不是技术合作的伙伴、规则协商的搭档。因此,中国如何在发展人工智能和数字经济的过程中,既坚持对外开放又避免西方打压,既坚持独立自主又避免故步自封,这是一个关乎未来数字社会发展方向的问题,也是一个关乎未来国际社会秩序建构的问题。这也是李仁涵教授主持的这项研究向我们提出的重要问题。

世界大道，合则两利，分则两伤。尽管国际秩序经常有反复，但是我们依然保持乐观，因为科学技术永远在发展过程中，人类社会的秩序也永远有新的可能性。人工智能和国际准则是一个新题目，本研究作为一次创新性尝试，不可能方方面面做到完美。但是努力地思考、探索，产生一些基于事实的判断和见解，就已经做出了贡献。

林忠钦

2022 年 7 月

目 录 CONTENTS

第一章　人工智能发展带来的安全问题

人工智能概念诞生于 1956 年的美国达特茅斯会议，最早被描述为让机器的行为表现得像人的智能行为。经过 60 多年的发展，人工智能迅速发展，赋能各行各业，已成为第四次工业革命的核心驱动力之一。[1] 近年来，世界各国争相将发展人工智能上升为国家战略，加紧布局和推进人工智能的发展和应用。

然而，人工智能在丰富人们生活、推动经济社会发展的同时，也带来了安全问题，且其智能性、通用性等特点还有可能显著放大该技术风险影响的范围和程度。中国政府在《新一代人工智能发展规划》中就强调，在大力发展人工智能的同时，必须高度重视可能带来的安全风险挑战，加强前瞻预防与约束引导，最大限度降低风险，确保人工智能安全、可靠、可控发展。[2]

1. 常规安全问题

常规安全问题是指整体上可预知、可预防的安全问题。本书将人工智能常规安全问题分为产品安全问题、数据安全问题和赋能型安全问题。通过系统分析现有认知下的人工智能安全问题，可促进各主体的正确认识和及早预防，从而有助于人工智能的健康发展和合理运用。[3]

---

〔1〕中国信息通信研究院、中国人工智能产业发展联盟：《人工智能治理白皮书》，http://www.caict. ac.cn/kxyj/qwfb/bps/202009/t20200928_347546.htm。

〔2〕中国国务院：《新一代人工智能发展规划》，http://www.gov.cn/zhengce/content/201707/20/ content_5211996.htm。

〔3〕杜严勇：《人工智能安全问题及其解决进路》，《哲学动态》2016 年第 9 期，第 99—104 页。

1.1 人工智能产品安全问题

目前,人工智能产品正在或预期以指数级速度被研发并融入从消费到生产的各个领域,逐渐成为未来社会的基本组件和架构,助力人类迈入智能时代。尽管发展态势良好,但人工智能产品的安全问题也日益凸显。[1] 人工智能产品安全问题是指人工智能产品或系统在技术、人为或环境等因素的致错下,对使用主体或其他对象造成利益损害的可能。随着人工智能产品数量的激增和功能的强化,人工智能安全(AI Safety)研究的开拓者扬波尔斯基等人(Yampolskiy 和 Spellchecker)断言,人工智能安全问题的出现频率及严重程度将成比例增加。[2]

借鉴各国现有人工智能立法普遍性地以风险为导向的分级分类治理思路,我们认为主要在作用对象性质和风险两方面,并以此对人工智能产品安全问题归类分析,以更有效地支持人工智能的系统治理。人工智能产品的作用对象主要可分为人身、财产和环境三类,其构成了人工智能产品风险三维体。而风险维度用于度量人工智能产品安全问题威胁的可能、范围及程度,其中威胁可能性越大、范围越广、程度越深,则其风险就越大。

1.1.1 人工智能行为体的生命安全威胁

鉴于生命安全至高无上,各国对可能威胁人们生命安全的人工智能产品及应用领域都极度重视和谨慎。[3] 人工智能产品在与人体发生直接或间接接触过程中,可能对人体造成损害。为此,中国网络与信息安全专家方滨兴提出人工智能行为体(Artificial Intelligence Actant,AIA)概念,并强调它们在运行状态下具有能伤害人类的动能。[4] 智能机器人和智能汽车作为两大备受瞩目的人工智能行为体,尽管作用范围相对较小,但可直接威胁人的生命,且大多处于新兴发展阶段,因而可能造成较高风险的生命安全问题。通过着重分析它们的安全问题,有助于清楚

---

〔1〕 Yampolskiy R V, Spellchecker M S. Artificial intelligence safety and cybersecurity: A timeline of AI failures. (Oct. 25,2016), https://arxiv.org/ftp/arxiv/papers/1610/1610.07997.pdf.

〔2〕 Yampolskiy R V, Spellchecker M S. Artificial intelligence safety and cybersecurity: A timeline of AI failures (Oct. 25,2016), https://arxiv.org/ftp/arxiv/papers/1610/1610.07997.pdf.

〔3〕 中国信息通信研究院、人工智能与经济社会研究中心:《全球人工智能治理体系报告(2020)》,http://www.caict.ac.cn/kxyj/qwfb/ztbg/202012/t20201229_367258.htm.

〔4〕 方滨兴:《人工智能安全》,电子工业出版社 2021 年版。

认识人工智能行为体可能造成的生命安全威胁,为后续治理工作提供基础。

　　智能机器人是人工智能的重要应用领域,也是人工智能产品安全问题的重灾区。机器人诞生至今经历了三个阶段,而作为 3.0 时代的智能机器人与前两个阶段的机器人相比,融入了以人工智能为核心的各种感知和控制等技术,从而具备了对外界环境的认知、推理和决策能力,并呈现智能性、主动性和创造性等显著特征。[1] 1968 年,美国斯坦福国际研究所研制出 Shakey 机器人,它是全球最早的智能机器人之一,并拉开了智能机器人面世的序幕。智能机器人可分为工业机器人、特种机器人、服务机器人等类型,已融入人们生产生活等诸多领域。美国科幻作家阿西莫夫早在 1942 年就提出"机器人学三大定律",其中第一定律便是"机器人不得伤害人类或任由人类受到伤害而袖手旁观",但一直到近年来,由智能机器人造成的伤人甚至致死事件在全球范围内仍时有发生。工业智能机器人因机器失灵、人机协作不当等原因,造成了主要占比的生命安全问题。2015 年 7 月,美国密歇根州某汽车零部件生产厂内的一台工业机器人失控越出规定区域并击中一名工人的头部,致其当场死亡。[2] 同年 8 月,印度古尔冈的某金属工厂内,一名焊工在与焊接机器人协同工作过程中,被机器手臂中伸出的焊接杆刺穿腹部致死。[3] 中国首例工业机器人致死事件发生在 2018 年,芜湖耐世特凌云有限公司生产线上的一台搬运机器人夹中一名操作工人并致其死亡。[4] 非传统机器人在近年来得到迅猛发展,但在融入服务和消费等情境的同时,也带来了不少安全问题或隐患。2016 年,美国帕洛阿尔托安保公司 Knightscope 开发的打击犯罪机器人 K5 在硅谷购物中心巡逻过程中撞倒一个一岁多的儿童,而后又从其脚上碾过。[5] 2020 年,福州某商场的一台智能指路机器人更是自行驶上了手扶电梯,并在滚落过程中撞翻扶梯

---

〔1〕刘宪权:《人工智能时代机器人行为道德伦理与刑法规制》,《比较法研究》2018 年第 4 期,第 51 页。
〔2〕《机器人也会"杀人"? 机器人安全吗?》,搜狐网 2018 年 10 月 15 日,https://www.sohu.com/a/259539545_671862。
〔3〕牛向、谭利娅:《印度一工厂员工在工作时被机器人"杀死"》,环球网 2015 年 8 月 13 日,https://world.huanqiu.com/article/9CaKrnJOtWb。
〔4〕《芜湖一搬运机器人突然夹住工人　致其伤重身亡》,凤凰网 2018 年 09 月 11 日,http://ah.ifeng.com/a/20180911/6873498_0.shtml。
〔5〕Veronica Rocha, Crime-fighting robot hits, rolls over child at Silicon Valley mall, Los Angeles Times (July. 13, 2016), https://www.latimes.com/local/lanow/la-me-ln-crimefighting-robot-hurts-child-bay-area-20160713-snap-story.html.

上的两名顾客。目前,以智能医疗的手术机器人和智能养老的护理机器人为代表的高生命安全风险型智能机器人也在加快发展和应用。因而,如何控制和降低智能机器人对相关主体的生命安全威胁已越发成为人工智能推动机器人领域发展的核心议题。

智能汽车是人工智能重塑传统行业的典型,也是各国人工智能安全治理的重点。智能汽车在人工智能支持下逐渐朝着自动驾驶(也称无人驾驶)方向演进,而其对人们生命安全威胁的可能和程度都显著高于无人机和无人船这两个无人驾驶领域。巴西圣保罗大学安全分析团队指出,自动驾驶汽车属于关键性安全系统,一旦出现异常可直接威胁乘客和行人的生命安全。[1] 自动驾驶汽车高度依赖人工智能对环境条件的理解和对驾驶决策的制定,而由于人工智能技术欠成熟和人机协同认知偏差等原因,其导致的安全事故频发。辅助驾驶状态的特斯拉汽车在2016年1月制造了全球首例自动驾驶汽车致死事故。尽管近年来其在软硬件上不断迭代升级,但在全球范围内引发的安全问题仍时有发生,其中不乏致死事故。2021年3月,一辆开启自动驾驶模式的特斯拉汽车在美国佛罗里达州高速公路的十字路口与重型卡车发生碰撞,其间辅助驾驶系统和车主均未采取转向和刹车等规避动作,最终导致特斯拉车主死亡。此外,优步(Uber)和慧摩(Waymo)等品牌的自动驾驶汽车也发生过多起安全事故,[2] 其中优步在路测过程中导致了首例路人致死事件。2021年8月,中国造车新势力蔚来汽车旗下的智能汽车也引发了致死事故。[3] 当时一辆蔚来ES8汽车行驶在沈海高速涵江段,在自动驾驶状态(NOP领航状态)追尾内侧道路的高速公路养护车,导致自身整车报废及车主死亡。目前,少数头部汽车品牌正在冲击Level 4自动驾驶级别,但各国智能汽车仍普遍处于

〔1〕Nascimento, A. M. et al., A systematic literature review about the impact of artificial intelligence on autonomous vehicle safety, IEEE Transactions on Intelligent Transportation Systems, Vol. 21: 12, pp. 4928 – 4946(2020).

〔2〕Sierra Mitchell, Waymo's driverless cars were involved in 18 accidents over 20 months, News (Oct. 30, 2020), https://newsakmi. com/news/tech-news/big-data/waymos-driverless-cars-were-involved-in-18-accidents-over-20-months/; Why Uber's self-driving car killed a pedestrian, The Economist(May. 29, 2018), https://www. economist. com/the-economist-explains/2018/05/29/why-ubers-self-driving-car-killed-a-pedestrian.

〔3〕王笑渔:《31岁企业家命丧蔚来汽车,是谁惹的祸?》,新浪财经2021年8月15日,https://baijiahao. baidu. com/s? id = 1708132147664958606&wfr = spider&for = pc.

Level 3 级别及以下，需要司机予以掌控，而他们对尚不成熟的自动驾驶系统的过度依赖极易酿成灾难。在各国新老造车势力加紧布局和助推各种智能汽车的研发和应用过程中，智能技术硬指标和驾驶规范软约束之间的联动要求是保障人们生命安全的关键。

1.1.2 人工智能系统的生命安全问题

除了人工智能行为体，人工智能系统也可能造成较高风险的生命安全问题。人工智能系统是人工智能产品的另一大类型，可分为原生型人工智能系统和赋能型人工智能系统，前者因人工智能出现而实现功能，如智能语音助手，而后者因人工智能赋能而优化功能，如智能交通系统。随着自然语言、图像识别等人工智能技术的加速发展，越来越多的人工智能系统在嵌入人们的生产生活时，伴随而来的生命安全问题也可能会激增。

人工智能系统在娱乐等常规应用中威胁相对少一些，但在更多涉及人身安全的应用中，其带来的生命安全威胁不容小觑。早期的电子助理在呼叫救护车情景中产生错误，[1] 而人工智能系统向医疗诊断等关乎人身安全的领域进军的步伐从未停止。IBM 的 Watson 医疗系统是全球代表性的人工智能疾病诊治系统，但其在迭代过程中暴露过严重安全隐患。美国佛罗里达州 Jupiter 医院的医生在 2018 年评价 Watson 医疗系统时表示，Watson 在癌症治疗中推荐了错误的建议，而这将导致严重甚至致命的后果。[2] 尽管人工智能辅助诊治系统已取得明显进步，但在它们迭代升级和推广应用的过程中可能还有诸多安全问题出现。

赋能型人工智能系统可极大提高社会生产、生活和治理效能，但也会将人工智能的安全风险显著放大，可能伴生对人们生命安全造成极大威胁的社会性甚至国家性安全问题。在美苏冷战期间，苏联为防范美国的导弹袭击，研发了 OKA 导弹预警系统。然而在 1983 年 9 月 26 日，该系统因识别错误而误报美国向苏联发射了5 枚洲际核导弹，若非时任负责人彼得罗夫冷静化解，后果将不堪设想。虽然这是

---

〔1〕 Will Knight, Tougher Turing Test Exposes Chatbots' Stupidity, MIT Technology Review (Jul. 14, 2016), https://www. technologyreview. com/2016/07/14/7797/tougher-turing-test-exposes-chatbots-stupidity/.

〔2〕 Meg Bryant, Stat: IBM'S Watson gave 'unsafe and incorrect' cancer treatment advice, Healthcare Dive (Jul. 26, 2018), https://www. healthcaredive. com/news/stat-ibms-watson-gave-unsafe-and-incorrect-cancer-treatment-advice/528666/.

一个极端的例子,但对我们认识赋能型人工智能系统的安全威胁很有启发,即要竭力确保威胁程度大、威胁范围广的关键赋能型人工智能系统的功能鲁棒和安全可控。360公司董事长周鸿祎就指出,万物互联意味着每辆卡车、每个集装箱,甚至每个井盖都将实现智能互联,而目前黑客的攻击目标就是有可能造成极大影响的能源、交通等基础设施。[1]当下,诸如杭州城市大脑、株洲智能轨道等赋能型人工智能系统陆续涌现,这需要相关各方引起高度重视,及早构筑安全防线,确保系统安全。

1.1.3　人工智能产品的财产和环境安全问题

人工智能产品在构成人们的财产和环境的同时,也将深度影响财产和环境整体及其他组成。人工智能产品通常表现为积极角色,但技术新兴性决定了它在技术和人为等因素制约或影响下可能会出现消极作用。因而,分析人工智能产品可能造成的财产损失和环境破坏等问题,是对其生命安全问题的必要补充。

人工智能产品的某些故障或失误可能会直接威胁到人们的财产安全甚至是经济社会稳定。iRobot家务机器人意外"自焚"导致的用户房屋毁坏事件就警示,人工智能产品在融入人类社会时可能伴随诸多安全问题,这在以智能家居、智能物流等智能产品为基础组件的未来尤其需要注意。基于指纹、人脸、声纹等特征的生物识别技术是用于提高支付、安防等功能的效率和安全的重要人工智能技术,但它们的技术漏洞在人为利用下可能对人们的财产安全构成极大威胁。2017年,越南公司BKAV利用贴有剪纸嘴巴和眼睛及硅胶鼻子的3D打印脸部模型成功解锁iPhone X的面部识别技术Face ID,[2]而苹果公司宣称该技术是当时最安全的人工智能激活方法。随后,深圳耐能人工智能有限公司的研究员使用3D打印面具甚至成功破解了银行、支付宝和微信支付等系统的面部识别系统。

金融和投资等人工智能产品的财产安全风险更加直接,还可能造成国家甚至

---

〔1〕翟永冠、宋瑞:《机器人拥有"自我意识"? 警惕人工智能暗藏安全风险!》,《经济参考报》2019年7月9日,https://mp.weixin.qq.com/s/6EDwWgdRs2_AbiGWpwi7ug。
〔2〕科技共享 KJGX:《越南资安公司发现一套可破解 Face ID 识别真人的方法》,百家号2017年11月13日,https://baijiahao.baidu.com/s?id=15839636067759935458&wfr=spider&for=pc。

全球范围的经济风险。以高频交易算法（HFT）[1]为例，此类交易被证明是市场中的一个巨大风险因素，尤其在高频交易算法本身存在缺陷时。早在2010年，基于人工智能的复杂交易软件导致了万亿美元的闪电交易崩溃，造成全球股市的急剧震荡，并成为历史上最大的股票抛售事件之一。2012年，美国骑士资本集团（Knight Capital Group）通过高频交易算法错误地将每秒数千份订单输入纽约证券交易所市场，仅在45分钟内就执行了惊人的400万笔交易，累计3.97亿股。骑士资本集团因该错误在一夜之间损失4.6亿美元，不得不被另一家公司收购。中国方面，香港地产大亨李建勤在2019年通过"K1"对冲基金机器人管理其部分资产，但该人工智能系统未能胜任并导致接连的巨额损失。[2] 人工智能赋予了金融和经济的大小系统前所未有的效能，但这些智能产品的财产风险亟须得到控制和降低，并要对其使用加以规范，尤其是对高财产风险类型。

人工智能产品还面临显性和隐性的环境安全问题。随着人工智能对能源、工业等高环境风险的设施及环境监控等系统的赋能，人工智能产品故障将可能表现为重大环境问题。此外，万物互联的智能时代必然出现海量的人工智能产品，而它们从生产、使用到报废的整个产品生命周期可能产生巨大的环境污染问题。2021年9月，人工智能全球伙伴关系委员会（GPAI）等机构联合发布报告指出人工智能威胁减少碳排放战略的三种主要方式，包括人工智能算法模型运算和硬件制造及运行产生的碳排放、促进化石能源勘探和开采等高温室气体排放活动、系统性提高商品推荐和自动驾驶等社会活动效率而可能导致的更高碳排放总量。[3] 尽管人工智能在很多情况下可以用于提高能源利用效率，对环境产生积极影响，但诸如庞

---

[1] 高频交易算法本质上是指计算机以极快的速度进行数千笔交易，目的是在几秒钟后卖出以获取微薄利润。每秒数以千计的此类交易可以带来相当大的变化。高频交易的问题在于，它没有考虑市场的相互关联程度，也没有考虑到人类情感和逻辑在我们的市场中仍然发挥着重要作用的事实。
[2] 卫夕：《人工智能还是人工智障？——大型算法翻车现场》，载新浪科技2020年1月14日，https://baijiahao.baidu.com/s? id=1655668192139100491&wfr=spider&for=pc.
[3] The Global Partnership on Artificial Intelligence, Climate Change AI, the Centre for AI & Climate, Climate Change & AI: Recommendations for Government, https://www.gpai.ai/projects/climate-change-and-ai.pdf.

大算法运算伴随的巨大能源消耗,因属于范围3碳排放[1]而常常被人们忽视。因此,很多组织和学者开始呼吁对人工智能与环境安全之间的关系进行更加全面、系统地研究。

1.2　人工智能数据安全问题

人工智能数据安全问题是指人工智能技术和产品在获取、存储和使用数据的过程中对相关主体的利益造成损害的可能。本轮人工智能发展浪潮的兴起和持续高涨,是数据、算法、算力三大基础要素齐头并进、迅猛发展的结果。如今更是形成了"人工智能＋大数据＋云计算＋高速无线移动通信"的共演科技生态,赋能人工智能的加速演进。人工智能高度依赖大规模数据来实现训练和进化,因而人工智能数据安全问题是人工智能安全发展的关键问题。[2]

1.2.1　人工智能数据获取过程的安全隐患

数据是驱动人工智能的"燃料",这驱使人工智能企业或机构竭力获取目标对象及其在目标场景下产生的海量数据,而此过程可能威胁到个体利益。部分企业或机构因缺乏对个体权益保护的认识,可能比较直接地违规或过度收集用户数据。比如2019年9月被中国工信部问询整改的AI换脸产品"ZAO"。该产品是北京陌陌科技有限公司旗下产品,其过度采集了用户包括肖像在内的个人信息,并要求用户授权其全球免费使用。还有一些企业会相对隐性或间接地获取发展人工智能所需的海量数据,较典型的例子是美国的人工智能公司Clearview AI。2020年5月,法国数据保护监管机构(CNIL)责令Clearview AI在两个月内删除其未经法国公民同意所收集的数千张个人照片并停止收集数据。[3]该机构表示,Clearview AI通过在社交媒体平台上抓取等方式,已经收集了一个包含100亿张全球公民图片的数

---

[1] 碳排放目前有三种范围,其中范围1是指由组织控制或拥有的源头产生的直接温室气体排放;范围2是指因购买电能、热能等产生的间接温室气体排放;而范围3又称价值链排放,虽不计入组织的温室气体排放,但属于其他组织的范围1或范围2排放。

[2] 中国信息通信研究院安全研究所:《人工智能数据安全白皮书(2019年)》,http://www.caict.ac.cn/kxyj/qwfb/bps/201908/t20190809_206619.htm.

[3] The Cube, Facial recognition: Clearview AI breaks EU data privacy rules, says French watchdog, EuronNews（Dec. 16, 2021）, https://www.euronews.com/my-europe/2021/12/16/facial-recognition-clearview-ai-breaks-eu-data-privacy-rules-says-french-watchdog.

据库,且会通过其面部识别软件进行图片数据的出售。数据获取是人工智能发展和应用的关键,但相关企业和机构不能侵犯个人权益,挑战法律和道德的底线。

企业的数据垄断容易诱发数据侵权问题,而数据侵权作为一种非法的数据获取方式可能威胁到相关行业的健康发展和企业的合法权益。各类人工智能头部企业容易凭借前期的数据积累获得性能优势,而性能优势与数据获取间的良性循环可以帮助企业迅速实现相当规模的数据垄断。此外,很多传统企业也掌握着数量庞大的数据资源,它们作为一种要素停留在企业内部,不会轻易流向其他主体。如何跨越数据的垄断和货币化壁垒已成为科技浪潮下亟需获取数据的新兴人工智能科技公司和发展人工智能业务的传统公司必须面对的现实问题,而数据侵权则作为一种高效但非法的方式开始盛行。IBM 是一家大型高科技公司,但也陷入过照片搜集丑闻。[1] IBM 为优化人工智能面部识别算法,曾利用其非商业性的创新共享政策绕过版权限制,获取了雅虎旗下 Flickr 平台的一百万张用户照片。尽管通过互联网媒介获取目标数据可能已成为人工智能领域不成文的通则,但规范合法的数据获取是保障人工智能健康发展的必然要求。

人工智能数据的全球获取还可能威胁到他国的国家安全。在各国普遍认识到智能时代数据资源重要价值的同时,数据安全成为各国人工智能发展战略的重要组成。中国政府在印发的《新一代人工智能发展规划》中强调,在统筹利用大数据基础设施的同时,要强化数据安全与隐私保护。[2] 然而,诸如脸书、谷歌等科技巨头,凭借其全球业务网络和强大数据获取能力,极易造成数据的违规跨境获取和流动,给其他国家的国家安全构成威胁。[3] 在 2022 年 3 月,意大利数据保护机构判定美国面部识别公司 Clearview AI 违反欧盟法律收集其公民面部生物信息以及向执法部门出售数据。[4] 可见,确保人工智能企业或组织在数据获取过程的合法和

---

〔1〕 George Kamau, IBM Caught Scrapping Flickr Photos Without User's Consent, Techweez (Mar. 13, 2019), https://techweez.com/2019/03/13/ibm-scrapping-flickr-without-consent/.

〔2〕 中国国务院:《新一代人工智能发展规划》, http://www.gov.cn/zhengce/content/201707/20/content_5211996.htm。

〔3〕 中国信息通信研究院安全研究所:《人工智能数据安全白皮书(2019 年)》, http://www.caict.ac.cn/kxyj/qwfb/bps/201908/t20190809_206619.htm。

〔4〕 Natasha Lomas, Italy fines Clearview AI € 20M and orders data deleted, Techcrunch (Mar. 9, 2022), https://techcrunch.com/2022/03/09/clearview-italy-gdpr/.

规范是保障人工智能数据安全的首要挑战之一。

1.2.2 人工智能数据存储过程的安全威胁

人工智能的研发和应用离不开对海量数据的存储，其间可能面临数据泄露的严峻挑战。数据作为人工智能的一大基础要素，不仅影响着技术发展的快慢，更表征了技术风险的高低。人工智能数据的安全存储则面临着技术本身和外部的多重挑战。诸如 TensorFlow 和 Caffe(卷积神经网络框架)等人工智能开源学习平台，虽然能极大降低人工智能开发和应用的门槛，但它们被曝出过诸多安全漏洞，甚至可能存在后门，因而有造成人工智能系统数据泄露的风险。[1] 此外，黑客还可对人工智能算法模型展开模型窃取攻击，可能逆向还原模型的训练和运行等数据。[2]

人工智能正加速融合互联网和实体经济，使得其存储数据可能涵盖到个体的基本信息、账号密码、行程消费等各种数据及组织用户的各类信息，这一旦泄露将危及多方利益。2019 年 2 月，定位为"AI+安防"的深圳深网视界科技有限公司就被曝泄露 250 万用户信息，其中包含身份证、照片、工作信息等重要个人信息。[3] 由于人工智能正在向支付、取货、安防等领域快速渗透，某些核心信息的泄露不仅会造成传统隐私问题，还可能损害人们包括财产在内的诸多利益。同样，美国人工智能公司 Cense 在 2020 年 7 月被曝从存储库中泄露 250 万条敏感医疗数据和患者个人身份信息，而黑市上每条医疗记录估值达 250 美元，因而是网络犯罪分子垂涎的优先对象。[4] 另外，随着越来越多的企业加快对人工智能的应用，数据泄露将成为威胁企业利益的要敌。据统计，企业发生数据泄露的平均成本高达 400 万美元，[5] 而且更大的成本在于对客户信任的破坏。[6] 未来，数据对企业的重要性将

---

〔1〕方滨兴：《人工智能安全》，电子工业出版社 2021 年版。

〔2〕中国信息通信研究院安全研究所：《人工智能数据安全白皮书（2019 年）》，http://www.caict. ac.cn/kxyj/qwfb/bps/201908/t20190809_206619.htm。

〔3〕齐智颖：《深网视界被曝百万数据泄露，人脸识别信息安全引担忧》，蓝鲸财经 2019 年 2 月 28 日，https://baijiahao.baidu.com/s?id=1626668938982553293。

〔4〕Jeremiah Fowler, Medical Data of Auto Accident Victims Exposed Online, Secure Thoughts (Apr. 14, 2021), https://securethoughts.com/medical-data-of-auto-accident-victims-exposed-online/.

〔5〕Rohit T, April K. Artificial intelligence—the next frontier in IT security? Network Security, Vol. 4：15, pp14-17(2017).

〔6〕Jonathan W. Is Artificial Intelligence a Help or Hindrance? Network Security, Vol. 5：19, pp. 18-19(2018).

比肩甚至超过资金,因而数据保护将成为各组织发展人工智能的基本能力要求。

1.2.3 人工智能数据使用过程的安全挑战

人工智能产品或系统的训练和运行过程也是对获取或存储数据的使用过程,而其间可能因致错因素影响导致严重后果。人工智能高度依赖输入数据的数量、准确和全面,并基于海量训练数据的输入实现目标功能和性能,基于现场实时数据的输入做出决策和行动。正因为强数据依赖性,人工智能产品或系统容易在模型数据致错下发生故障,从而给相关主体造成利益损害。

据可信 AI 研究和咨询专业公司 Adversa 在 2021 年发布的《通往安全和可信人工智能之路》报告,对抗样本攻击和数据投毒是人工智能数据使用阶段的头两号安全威胁。[1] 对抗样本是通过对被检测样本进行微小改动而导致人工智能识别错误的技术。[2] 通过构造对抗样本攻击人工智能系统,可绕过检查或导致系统决策错误。2018 年,密歇根大学和华盛顿大学等机构的研究人员就发现,通过小幅调整停止标识,可导致自动驾驶汽车的计算机视觉算法无法正确识别该标识的图片数据而发生误判。[3] 数据投毒则是在人工智能训练数据中加入伪装数据、恶意样本等,破坏数据的完整性,同样可导致决策偏差。[4] 对抗样本攻击和数据投毒均能导致人工智能系统失灵,在诸如交通、安防、金融、医疗等领域可导致灾难性后果。

人工智能系统因算法不成熟或训练数据不完备等原因,在使用动态环境的非常规实时输入数据时,也可能会出现运行故障。特斯拉汽车在美国的首例自动驾驶致死事故就是因为当时的自动驾驶系统无法识别强光照条件下横在公路上的白色货车。从机器学习的角度看,人工智能算法基于特定数据集的训练习得若干概念模式,然后在实际运行过程中将这些模式与实时输入数据进行对比来完成判断,而一旦输入数据未能正确匹配习得模式,就可能出现误判。优步造成的全球首例

〔1〕 Adversa. The road to secure and trusted AI: The decade of AI security challenges. Adversa (April. 21,2021), https://adversa. ai/report-secure-and-trusted-ai/.

〔2〕 李建华:《人工智能与网络空间安全》,《中国信息安全》2019 年第 7 期,第 32—34 页。

〔3〕 Eykholt K., Evtimov I., Fernandes E., et al., Robust physical-world attacks on deep learning visual classification, Proceedings of the IEEE conference on computer vision and pattern recognition, 2018.

〔4〕 中国信息通信研究院安全研究所:《人工智能数据安全白皮书(2019 年)》,http://www. caict. ac. cn/kxyj/qwfb/bps/201908/t20190809_206619. htm。

行人致死车祸中也属于此类问题,当时优步的传感器在监测到该行人后未能正确归类,由此酿成悲剧。[1] 数据使用阶段的安全问题无疑是人工智能治理的系统问题和最大挑战,需要在长期动态的过程中予以缓和和解决。

1.3 人工智能赋能型安全问题

人工智能研究背后的意图通常是积极的,但开发出的技术既可能用于善的目的,也可能用于恶的目的。扬波尔斯基等人就指出,最危险及最难以抵御的人工智能其实是恶意人工智能(malicious AI)。[2] 恶意人工智能的典型代表就是用于增强网络攻击的人工智能技术或工具。来自牛津大学和剑桥大学等机构的一个研究团队将恶意人工智能定义为,出于危害个体、团体或社会安全目的的任何人工智能实践。[3] 我们将人工智能赋能型安全问题定义为人工智能被用于放大或升级传统安全问题而对相关主体造成利益损害的可能。除了关注人工智能赋能网络攻击可能构成的严重威胁,我们还将审视人工智能赋能自主武器将引发的巨大危机。

1.3.1 人工智能赋能网络攻击

人工智能赋能可让网络攻击更具规模、智能和精准,从而显著放大网络攻击的安全威胁。2017 年美国黑帽大会的调查显示,62%的与会专家预测首次人工智能赋能的网络攻击将在会后 12 个月内发生。[4] YouAttest 的首席执行官 Grajek 在 2021 年指出,黑客已经使用人工智能技术来攻击身份验证,包括语音和可视化攻击。[5] 人工智能赋能网络攻击形成了规模化、自动化的拒绝服务攻击和智能化、

〔1〕 Timothy B. LEE. Report: Software bug led to death in Uber's self-driving crash. Arstechnica (May 8,2018). https://arstechnica. com/tech-policy/2018/05/report-software-bug-led-to-death-in-ubers-self-driving-crash/.

〔2〕 Yampolskiy R. V. , Spellchecker M. S. Artificial intelligence safety and cybersecurity: A timeline of AI failures. (Oct. 25,2016). https://arxiv. org/ftp/arxiv/papers/1610/1610. 07997. pdf.

〔3〕 Brundage, M. , Avin, S. , Clark, J. , Toner, H. , Eckersley, P. , Garfinkel, B. , Dafoe, A. , et al. The Malicious Use of Artificial Intelligence: Forecasting, Prevention, and Mitigation, (Feb. 20,2018), https://doi. org/10. 17863/CAM. 22520.

〔4〕 Jonathan W. , Is Artificial Intelligence a Help or Hindrance? Network Security, Vol. 5: 18, pp. 18 - 19(2018).

〔5〕 Sue Poremba, Data Poisoning: When Attackers Turn AI and ML against You, Security Intelligence (Apr. 21, 2021), https://securityintelligence. com/articles/data-poisoning-ai-and-machine-learning/.

精准化的恶意代码攻击等新型威胁场景。[1]一方面,网络攻击者开始通过多种手段对数量庞大的 IOT 设备进行控制并组成僵尸网络,然后发动大规模分布式拒绝服务攻击(DDoS)[2],从而导致目标网络瘫痪。另一方面,攻击者可以借助人工智能工具赋能攻击链全环节,并智能识别系统漏洞,从而高效突破网络安全防护。方滨兴等人归纳出四种典型的人工智能赋能网络攻击技术,即网络资产自动探测识别技术、智能社会工程学攻击技术、智能恶意代码攻击技术、自动化漏洞与利用技术。[3]在俄乌冲突爆发后,"匿名者"等黑客组织就对俄罗斯发动了大规模拒绝服务攻击,导致其外交部、航天局等网站出现短暂的访问困难,此外还宣称要攻击俄罗斯的工业控制系统。[4]随着人工智能的持续发展,更多的人工智能网络攻击技术和工具会涌现,这将给人工智能安全带来巨大压力和挑战。

人工智能赋能网络攻击可能对个人财产和经济社会造成前所未有的冲击。网络攻击者基于人工智能技术,可利用个人基本信息、音频图像等发动高度逼真的自动化社会工程学攻击。[5]2019 年 3 月,一家总部位于英国的能源公司 CEO 被总公司老板电话紧急指示向某供应商转款,而实际上该电话由攻击者打出,并使用人工智能软件深度模仿了该老板的声音。随着智能换脸、声音合成等深度伪造技术的出现,网络诈骗将防不胜防。此外,基于人工智能的社会工程学攻击还能精确洞察攻击对象的弱点并释放"量身定制"的诱饵,甚至具备自主学习能力,从而高度隐蔽且智能高效地完成诈骗。人工智能赋能网络攻击的普遍化可能将越来越多的

〔1〕方滨兴等:《人工智能赋能网络攻击的安全威胁及应对策略》,《中国工程科学》2021 年第 23 卷,第 3 期,第 63 页。
〔2〕分布式拒绝服务攻击,即由不同位置的多个攻击者或由少数攻击者控制不同位置的多台机器同时向目标发动网络攻击,试图用大量服务请求占用其资源,导致部分或全部用户无法获得服务。这种网络攻击在人工智能赋能后会更加隐蔽和危险,可能给攻击对象造成巨大经济损失。
〔3〕方滨兴等:《人工智能赋能网络攻击的安全威胁及应对策略》,《中国工程科学》2021 年第 23 卷,第 3 期,第 63—64 页。
〔4〕Bridget Johnson, Anonymous Hackers Launch Cyber Ops Against Russia, Claim Government Site Takedowns, Hstoday (Feb. 24, 2022), https://www. hstoday. us/subject-matter-areas/cybersecurity/anonymous-hackers-launch-cyber-ops-against-russia-claim-government-site-takedowns/.
〔5〕Bridget Johnson, Anonymous Hackers Launch Cyber Ops Against Russia, Claim Government Site Takedowns, Hstoday (Feb. 24, 2022), https://www. hstoday. us/subject-matter-areas/cybersecurity/anonymous-hackers-launch-cyber-ops-against-russia-claim-government-site-takedowns/.

经济主体和个体卷入其中,进而严重威胁到整个经济社会。

人工智能赋能网络攻击还可能扰乱社会稳定,影响国家政治安全。网络攻击者可借助人工智能工具制造和传播虚假影像和不实信息,冲击社会稳定。2018 年 4 月,就有人使用美国前总统奥巴马的图片进行 AI 换脸,对时任总统特朗普进行言语攻击,而该视频在 YouTube 上被转发超 500 万次。显然,此类深度伪造视频会对民众认知造成极恶劣的影响。剑桥分析公司甚至被曝使用人工智能技术自动推送诱导消息,试图影响美国大选和英国脱欧过程中的选民投票意向。[1] 遏止可能破坏社会和政治稳定的人工智能赋能网络攻击将成为智能时代国家安全保护的基本目标。

1.3.2 人工智能赋能自主武器

世界各国,尤其是大国均高度重视人工智能在军事领域的应用,纷纷推出智能军事武器。人工智能可以为自主武器提供自动识别、高速反应、群体协同等能力,从而赋能传统武器装备实现智能化升级。人工智能赋能的自主武器包括军事机器人、军事无人机、智能导弹等等,美国、俄罗斯、以色列等国在这些领域均高度重视,并进行研发布局。目前全球有超过 60 个国家列装了智能军事机器人,其中美国到 2040 年将有一半的士兵由智能机器人充当,[2] 而俄罗斯则计划到 2025 年实现 30% 的军事装备无人化率。[3] 2020 年 12 月 15 日,美国空军在加利福尼亚州首次成功使用人工智能副驾驶控制一架 U2 侦察机的雷达和传感器等系统,这是人工智能首次控制美国军用系统。可见,各主要国家已将人工智能视为军事发展的未来方向。

然而各主要国家对人工智能自主武器的竞相投资,可能引发新一轮的军备竞赛,恐将威胁到世界和平。2022 年 3 月,特斯拉汽车 CEO 埃隆·马斯克便在采访中对"第三次世界大战将是与人工智能或关于人工智能的战争"的观点作出过进一步阐释,即某些国家如果担心其他国家通过发展先进的人工智能而在战争中获得巨大优势,就可能也想获得这样的优势,或者在其他国家实现该优势前就发动攻击。此外,人工智能自主武器的无人化特点可能降低战争爆发的阈值,而其致命性

---

[1] Sam Meredith, Here's everything you need to know about the Cambridge Analytica scandal, Consumer News and Business Channel (Mar. 21, 2018), https://www.cnbc.com/2018/03/21/facebook-cambridge-analytica-scandal-everything-you-need-to-know.html.

[2] 方滨兴:《人工智能安全》,电子工业出版社 2021 年版。

[3] 中国信息通信研究院安全研究所:《人工智能安全白皮书(2018 年)》,http://www.caict.ac.cn/kxyj/qwfb/bps/201809/t20180918_185339.htm。

特点还将放大战争的破坏性。人工智能自主武器的研发和列装无论是出于进攻还是防御的目的,其本质都是对传统军事武器伤害或破坏的放大和升级,因而不少组织和学者反对人工智能对军事武器的赋能。[1] 值得警惕的是,人工智能自主武器还可能用于恐怖袭击。2018 年委内瑞拉总统马杜罗就遭到无人机炸弹袭击,这成为全球首例利用人工智能产品开展的恐怖活动。如果人工智能赋能的自主武器得到普及,此类恐怖袭击将更加频繁,因而将给人类和平造成更多、更大的挑战。

综上,在推进人工智能研发和利用的同时,需要高度重视和防范可能伴生的各种安全问题。根据表现形式的不同,我们将人工智能安全问题划分为人工智能产品安全问题、人工智能数据安全问题和人工智能赋能型安全问题 3 类。各人工智能安全问题往往由技术、人为或环境因素诱发,并可能对个体、组织、社会或国家的利益造成损害。人工智能技术具有新兴技术的风险共性,而其智能性、通用性等特性则显著放大和复杂化伴生的安全问题。人工智能产品安全问题存在人身、财产和环境构成的风险三维体,我们主要关注到风险较高的人工智能行为体和人工智能系统的相关安全问题。人工智能数据安全问题则是从人工智能数据的获取、存储和使用环节分析对各主体利益的损害可能。最后,我们从恶意人工智能视角提出人工智能赋能型安全问题,着重审视了人工智能赋能网络攻击和人工智能赋能自主武器可能造成的严重后果。人工智能的发展与安全是孪生兄弟,相伴而生,协同演进。正确认识并及时治理人工智能安全问题将是保障人工智能持续健康发展的关键。

2. 非常规安全问题

人工智能能否(至少是在短时期内)超越人类智能? 鉴于人工智能发展史上经历的若干曲折和发展现状的理解,目前大多数人工智能专家对此持谨慎甚至否定态度。[2] 日本人工智能专家松尾丰认为:"人工智能征服人类这种可能性在现阶段看来并不存在,只不过是凭空臆想而已。"[3] 在近期内,人工智能很大概率并不

---

[1] 中国信息通信研究院、人工智能与经济社会研究中心:《全球人工智能治理体系报告(2020)》,http://www.caict.ac.cn/kxyj/qwfb/ztbg/202012/t20201229_367258.htm。
[2] 杜严勇:《人工智能安全问题及其解决进路》,《哲学动态》2016 年第 9 期,第 99—104 页。
[3] 松尾丰:《人工智能狂潮——机器人会超越人类吗?》,赵函宏、高华彬译,机械工业出版社 2016 年版,第 152 页。

会进化出如许多文学作品中所表现出来的那样远远超越于其他生物(甚至人类)的智能水平,从而不再听从人类的指令,反而会与人类争夺统治权。与之对应的,依然不乏 AI 威胁论者。2014 年底,据英国广播公司报道,著名理论物理学家霍金表示:"人工智能的全面发展可能导致人类的灭绝。"美国特斯拉和 SpaceX 公司的首席执行官埃隆·马斯克同样是 AI 威胁论者,他认为,人类正在建造的数字超级智能如果不加限制,将是十分危险的。他举了一个例子,"如果人类阻碍了 AI 的发展,它将会摧毁人类,就像如果我们在修路,路中间有个蚁丘,虽然我们并不怨恨那些蚂蚁,但依然会毫不犹豫地摧毁它们"[1]。当然,埃隆·马斯克并非计算机科学家,但也反映出大众对不受限制的人工智能最终形态的担忧。对此,我们必须高度重视。

当然,要对某一项科学技术的发展及应用作出精确预言几乎是不可能的。防微杜渐,历史告诉我们,许多被预言不可能实现的科学技术,后来都变成了现实。当对某些科学技术进行否定性的预测时,更应该谨慎行事。从深度学习、云计算、超算、大数据等相关技术的发展进步以及目前世界各国对人工智能的重视程度来看,人工智能在未来一段时期内极有可能会快速地发展。例如 AlphaZero[2] 之于围棋,AlphaFold[3] 之于蛋白质结构预测,人工智能早已在某些专业领域中表现出超越人的任务完成水平。本章将基于技术趋势,对未然的人工智能非常规安全问题给出二三粗浅预判。非常规安全是指在国家安全、公共安全、个人隐私安全等方面,目前并未大规模实际发生的,但按照技术发展趋势研判,有一定概率发生的安全问题。

2.1 深度学习(属弱人工智能)的不可解释性可能带来的安全问题

2.1.1 深度学习可解释性问题

尽管深度学习在许多领域取得了巨大的成功,但缺乏可解释性严重限制了其

---

[1] 纪录片《Do you trust this computer?》。

[2] AlphaZero 是 DeepMind 所开发的人工智能软件。其前身 AlphaGo 因大败韩国棋手李世石而名声大噪。

[3] Jumper, J., Evans, R., Pritzel, A. et al. Highly accurate protein structure prediction with AlphaFold. Nature 596,583 - 589(2021). https://doi.org/10.1038/s41586-021-03819-2.

在现实任务尤其是安全敏感任务中的广泛应用。可解释性被定义为向人类解释或以呈现可理解的术语的能力。从本质上讲,可解释性是人类与决策模型之间的接口。在深度学习任务(属弱人工智能)中,模型通常建立在一组统计规则和假设之上,模型可解释性是验证假设是否稳健,以及所定义的规则是否完全适合任务的重要手段。称其为人工智能,指其通常对应于手动和繁重任务的自动化,即给定一批训练数据,通过最小化学习误差,让模型自动地学习输入数据与输出类别之间的映射关系。可解释性旨在帮助人们理解机器学习模型是如何学习的,它从数据中学到了什么,针对每一个输入它为什么会做出如此决策以及它所做的决策是否可靠。[1]

目前,深度学习的可解释性研究还处于初级阶段,尽管许多学者对如何提高深度学习模型可解释性进行了深入的研究,并提出了大量的解释方法以帮助用户理解模型内部的工作机制,依然还有大量的科学问题尚待解决。此外,不同学者解决问题的角度不同,对可解释性赋予的含义也不同,所提出的解释方法也各有侧重。深度学习的可解释性研究总体上可分为两类,即事前可解释性和事后可解释性。前者可解释性指通过训练结构简单、可解释性好的模型,或将可解释性结合到具体的模型结构中的自解释模型,使模型本身具备可解释能力;对应方法包含朴素贝叶斯模型[2]、线性模型[3]、决策树[4]、梯度提升树加性模型[5]、注意力机制[6]等。事后可解释性指通过开发可解释性技术解释已训练好的机器学习模型,包含规则

〔1〕纪守领、李进锋、杜天宇、李博:《机器学习模型可解释性方法、应用与安全研究综述》,《计算机研究与发展》,2019,56(10),第 2071—2096 页。

〔2〕Poulin B, Eisner R, Szafron D, et al. Visual explanation of evidence with additive classifiers [C]// Proceedings of the National Conference on Artificial Intelligence. Menlo Park, CA; Cambridge, MA; London; AAAI Press; MIT Press; 1999,2006,21(2): 1822.

〔3〕Ribeiro M T, Singh S, Guestrin C. "Why should i trust you?" Explaining the predictions of any classifier [C]//Proceedings of the 22nd ACM SIGKDD international conference on knowledge discovery and data mining. 2016: 1135 - 1144.

〔4〕Huysmans J, Dejaeger K, Mues C, et al. An empirical evaluation of the comprehensibility of decision table, tree and rule based predictive models [J]. Decision Support Systems, 2011,51(1): 141 - 154.

〔5〕Lou Y, Caruana R, Gehrke J. Intelligible models for classification and regression [C]//Proceedings of the 18th ACM SIGKDD international conference on Knowledge discovery and data mining. 2012: 150 - 158.

〔6〕Vaswani A, Shazeer N, Parmar N, et al. Attention is all you need [J]. Advances in neural information processing systems, 2017,30.

提取[1]、模型蒸馏[2]、敏感性分析[3]、限制支持域集[4]、利用反向传播推断特征重要性的解释方法（Grad）[5]等。由此可见，学术界对模型可解释性仍缺乏统一的认识，可解释性研究的体系结构尚不明确，因此，所研究的深度学习模型有引发安全问题的风险。

应该注意到，深度学习可解释性是一把双刃剑。一方面，它可以被应用于模型验证、调试优化、因子分析、知识发现等场景。另一方面，模型可解释性相关技术同样可以被攻击者利用以探测机器学习模型中的"漏洞"。此外，由于解释方法与待解释模型之间可能存在不一致性，因而可解释系统或可解释方法本身就存在一定的安全风险。

2.1.2 基于解释技术的深度学习安全隐患

人工智能安全领域相关研究表明即使决策"可靠"的机器学习模型也同样容易受到对抗样本攻击，只需要在输入样本中添加精心构造的、人眼不可察觉的扰动就可以轻松地让模型决策出错。而现存防御方法大多数是针对某一个特定的对抗样本攻击设计的静态的经验性防御，因而防御能力极其有限。不管是哪种攻击方法，其本质思想都是通过向输入中添加扰动以转移模型的决策注意力，最终使模型决策出错。[6] 由于这种攻击使得模型决策依据发生变化，因而解释方法针对对抗样本的解释结果必然与其针对对应的正常样本的解释结果不同，现有方法通过对比并利用这种解释结果的反差来检测对抗样本，而这种方法并不特定于某一种对抗攻击，因而可以弥补传统经验性防御的不足。

[1] Deng H. Interpreting tree ensembles with intrees [J]. International Journal of Data Science and Analytics，2019,7(4)：277 - 287.
[2] Tan S，Caruana R，Hooker G，et al. Learning global additive explanations for neural nets using model distillation [J]. 2018.
[3] Sung A H. Ranking importance of input parameters of neural networks [J]. Expert systems with Applications, 1998,15(3 - 4)：405 - 411.
[4] Liu L，Wang L. What has my classifier learned? visualizing the classification rules of bag-of-feature model by support region detection [C]//2012 IEEE Conference on Computer Vision and Pattern Recognition. IEEE, 2012：3586 - 3593.
[5] Simonyan K，Vedaldi A，Zisserman A. Deep inside convolutional networks：Visualising image classification models and saliency maps [J]. arXiv preprint arXiv：1312. 6034,2013.
[6] Szegedy C，Zaremba W，Sutskever I，et al. Intriguing properties of neural networks [J]. arXiv preprint arXiv：1312. 6199,2013.

然而,尽管可解释性技术是为保证模型可靠性和安全性而设计的,但其同样可以被恶意用户滥用而给实际部署应用的机器学习系统带来安全威胁。比如说,攻击者可以利用解释方法探测能触发模型崩溃的模型漏洞,在对抗攻击中,攻击者还可以利用可解释方法探测模型的决策弱点或决策逻辑,从而为设计更强大的攻击提供详细的信息。在此,我们以对抗攻击为例,阐述可解释性技术可能带来的安全风险。

在白盒对抗攻击中,攻击者可以获取目标模型的结构、参数信息,因而可以利用反向传播解释方法的思想来探测模型的弱点。[1] 其中,伊恩·古德费洛(Ian Goodfellow)等人提出了快速梯度符号攻击方法(FGSM)[2],通过计算模型输出相对于输入样本的梯度信息来探测模型的敏感性,并通过朝着敏感方向添加一个固定规模的噪音来生成对抗样本。尼古拉斯·帕佩尔诺(Nicolas Papernot)等人基于Grad解释方法提出了雅可比显著图攻击(JSMA)[3],该攻击方法首先利用Grad解释方法生成显著图,然后基于选择图来选择最重要的特征进行攻击。利用Grad方法提供的特征重要性信息,JSMA攻击只需要扰动少量的特征就能达到很高的攻击成功率,因而攻击的隐蔽性更强。

对于黑盒对抗攻击,由于无法获取模型的结构信息,只能操纵模型的输入和输出,因而攻击者可以利用模型无关解释方法的思想来设计攻击方法。其中,帕佩尔诺等人提出了一种针对黑盒机器学习模型的替代模型攻击方法。[4] 该方法首先利用模型蒸馏解释方法的思想训练一个替代模型来拟合目标黑盒模型的决策结果,以完成从黑盒模型到替代模型的知识迁移过程;然后,利用已有的攻击方法针对替代模型生成对抗样本;最后,利用生成的对抗样本对黑盒模型进行迁移攻击。在自然语言处理方面,科学家们提出了一种基于敏感性分析解释方法的文本对抗

〔1〕 Shi C, Xu X, Ji S, et al. Adversarial captchas [J]. IEEE Transactions on Cybernetics, 2021.
〔2〕 Goodfellow I J, Shlens J, Szegedy C. Explaining and harnessing adversarial examples [J]. arXiv preprint arXiv: 1412. 6572,2014.
〔3〕 Papernot N, McDaniel P, Jha S, et al. The limitations of deep learning in adversarial settings [C]// 2016 IEEE European symposium on security and privacy (EuroS&P). IEEE, 2016: 372 – 387.
〔4〕 Papernot N, McDaniel P, Goodfellow I, et al. Practical black-box attacks against machine learning [C]//Proceedings of the 2017 ACM on Asia conference on computer and communications security. 2017: 506 – 519.

攻击方法(TextBugger)[1],用于攻击真实场景中的情感分析模型和垃圾文本检测器。该方法首先通过观察去掉某个词前后模型决策结果的变化来定位文本中的重要单词,然后通过利用符合人类感知的噪音逐个扰动重要的单词直到达到攻击目标。该研究表明,利用该技术可以轻松地攻破谷歌、微软、亚马逊等公司的 AI 云计算平台(Google Cloud、Microsoft Azure、Amazon AWS)提供的商业自然语言处理机器学习服务,并且攻击成功率高、隐蔽性强。

2.1.3 深度学习解释技术自身的安全隐患

考虑到可解释性技术潜在应用广泛,因而其自身安全问题不容忽视。而现有大多数深度学习解释方法由于采用了近似处理或是基于优化手段,只能提供近似的解释,因而解释结果与模型的真实行为之间存在一定的不一致性。而最新研究表明,攻击者可以利用解释方法与待解释模型之间的这种不一致性设计针对可解释系统的新型对抗样本攻击,因而严重地威胁着可解释系统的自身安全。根据攻击目的的不同,现存针对可解释系统的新型对抗样本攻击可以分为两类:其一,在不改变模型的决策结果的前提下,使解释方法解释出错;其二,使模型决策出错而不改变解释方法的解释结果。其中,科学家们首次将对抗攻击的概念引入到了神经网络的可解释性中,提出了模型解释脆弱性的概念[2],并且将针对解释方法的对抗攻击定义为优化问题,可以在不改变模型决策结果的前提下,生成能让解释方法产生截然不同的解释结果的对抗样本;针对上述反向传播解释方法的对抗攻击实验证明,上述解释方法均容易受到对抗样本攻击,因而只能提供脆弱的模型解释。与该研究方向相反,为了让模型分类出错而不改变解释方法的解释结果,科学家们提出了一种新的对抗样本生成技术[3],通过对表示导向的(如激活最大化、特征反演等)、模型导向的(如基于掩码模型的显著性检测等)[4]以及扰动导向的(如敏感

---

〔1〕Li J, Ji S, Du T, et al. Textbugger: Generating adversarial text against real-world applications [J]. arXiv preprint arXiv: 1812. 05271,2018.

〔2〕Ghorbani A, Abid A, Zou J. Interpretation of neural networks is fragile [C]//Proceedings of the AAAI conference on artificial intelligence. 2019,33(01): 3681 - 3688.

〔3〕Zhang X, Wang N, Shen H, et al. Interpretable deep learning under fire [C]//29th USENIX Security Symposium (USENIX Security 20). 2020.

〔4〕Dabkowski P, Gal Y. Real time image saliency for black box classifiers [J]. Advances in neural information processing systems, 2017,30.

性分析等)三大类解释方法进行对抗样本攻击和经验性评估,研究者发现生成欺骗分类器及其解释方法的对抗样本实际上并不比生成仅能欺骗分类器的对抗样本更困难。因此,这几类解释方法同样是脆弱的,在对抗的环境下,其提供的解释结果未必可靠。此外,这种攻击还会使基于对比攻击前后解释结果的防御方法失效,导致对抗攻击更难防御。

这些研究表明:由于模型解释方法本身也是基于深度神经网络的,而对抗样本就是针对深度神经网络的,所以特定应用领域下的解释方法同样也面临着自身安全性的问题。而这又回到了矛与盾的对立。在临床治疗中,医生会根据可解释系统提供的解释结果对病人进行相应的诊断和治疗,一旦解释系统被新型对抗攻击方法攻击,那么提供的解释结果必然会影响医生的诊断过程,甚至是误导医生的诊断而给病人带来致命的威胁。因此,仅有解释是不够的,为保证机器学习及可解释性技术在实际部署应用中的安全,解释方法本身必须是安全的,而设计更精确的解释方法以消除解释方法与决策系统之间的不一致性则是提高解释方法鲁棒性进而消除其外在安全隐患的重要途径。[1]

2.1.4 消除深度学习安全隐患的可行技术方向

其一,可解释性研究领域缺乏一个用于评估解释方法的科学评估体系,只能定性评估,无法对解释方法的性能进行量化,也无法对同类型的研究工作进行精确地比较。并且,由于人类认知的局限性,人们只能理解解释结果中揭示的显性知识,而通常无法理解其隐性知识,因而无法保证基于认知的评估方法的可靠性。对于专用领域下的人工智能技术,未来我们可以从应用场景、算法功能、人类认知这三个角度来设计评估指标,这些指标虽各有利弊但相互补充,可以实现多层次、细粒度的可解释性评估,以弥补单一评估指标的不足。[2]

其二,现有关于深度学习可解释性与安全问题的研究多局限于诸如线性回归、决策树等算法透明、结构简单的模型,对于复杂的深度神经网络模型则只能依赖于注意力机制提供一个粗粒度的解释。一种直观的方法是将深度学习与因果模型相

---

[1] 纪守领、李进锋、杜天宇、李博:《机器学习模型可解释性方法、应用与安全研究综述》,《计算机研究与发展》,2019,56(10),第 2071—2096 页。
[2] 纪守领、李进锋、杜天宇、李博:《机器学习模型可解释性方法、应用与安全研究综述》,《计算机研究与发展》,2019,56(10),第 2071—2096 页。

结合,让机器学习系统具备从观察数据中发现事物间的因果结构和定量推断的能力。同时,我们还可以将机器学习与常识推理和类比计算等技术相结合,形成可解释的、能自动推理的学习系统。

2.2 通用人工智能(或强人工智能)的发展可能带来的安全问题

通用人工智能(或强人工智能)与专用人工智能(或弱人工智能)相对立,前者基于心智的计算模型,以通用数字计算机为载体的 AI 程序可以像人类一样认知和思考,达到或者超过人类智能水平;后者认为 AI 只是帮助人类完成某些任务的工具或助理。随着最近 20 年来互联网、神经科学、基因工程等技术的飞速发展,通用人工智能从一种哲学立场逐步向工程实践转变和演进,未来学家甚至设想和描述了其更极端版本:超级智能。[1] 这些在 IBM、谷歌、微软等产业巨头的宣传推动下,藉由大众科学传播的放大作用,渗透到人们的日常生活中,构成了对其技术合理性的辩护。[2]

2.2.1 通用人工智能是否为皇帝的新衣

在西方,有若干非传统机构积极推动强 AI 的观念传播和商业行动,其中比较知名的有:奇点大学(Singularity University)、机器智能研究院(MIRI: Machine Intelligence Research Institute)、Numenta 公司、艾伦人工智能学院,这些机构的共同目标是在未来较短时间内实现人类级别的通用智能,从而与目前 AI 研究的主流区别开来。例如 MIRI 定位于研究智能行为的数学基础,其使命是开发通用人工智能系统的分析和设计的形式化工具。[3] Numenta 公司的基本目标和 MIRI 一致,但其研究路径却是基于脑科学的成果[4],其研究路径与传统人工智能强调的知识/逻辑、联结主义等都有所不同,即主要基于人类大脑的新皮质(区别于其他哺乳动物)及其强大的模式识别能力来提出技术实现方案。

然而,反对的声音依然在数据科学、人工智能学术界中占据着主流。虽然深度

---

[1] http://www.agi-society.org, 2015 - 12 - 11.
[2] 陈自富:《强人工智能和超级智能:技术合理性及其批判》,《科学与管理》,2016,36(05):25—33.0.
[3] http://intelligence.org/about/, 2015 - 12 - 11.
[4] http://numenta.org/#technology, 2015 - 12 - 11.

学习表面上与人类大脑新皮层具有结构上的类似性,尤其在计算机视觉方面取得的巨大成功似乎更暗示了两者的关联。但这种生物学隐喻并没有得到以加州大学伯克利分校计算机系教授迈克尔·乔丹(Micheal I. Jordan)等为代表的机器学习核心学术共同体的认可。他们本质上依然坚守传统的弱人工智能或专用人工智能立场,对通用人工智能持强烈的怀疑和反对态度。[1]他们指出,短期内实现类人智能任务的希望并不大。但是这些讨论往往发表在共同体内部的学术媒体上,并未在大众中得到广泛传播。例如,加州大学圣地亚哥分校认知科学系教授戴维·基什(David Kirsh)的《AI的基础:大问题》一文,指出共同体内部对人工智能研究核心假设的不同观点而形成各自的技术路径,这些问题包括知识和智能、认知是否具身化和拥有统一的底层结构等[2];布兰迪斯大学计算机系教授戴维·瓦尔兹(David L. Waltz)则指出人工智能尚存在认知科学、软件工程、硬件实现三个方面的重大障碍。[3]

但是,各国政府依然对通用人工智能这一潜在的技术进路表现出极大的热情。2013年以来美国和欧盟在认知科学和脑科学领域启动的人类大脑计划(HBP),对计算机界的人工智能主流传统提出了某种挑战,并获得政府机构的巨额经费支持,以大科学协作的方式开展研究。美国的HBP计划从2016年起,预计10年内获拨款45亿美元,目标是绘制脑回路图谱,研究脑内回路机制,并为此研发观察、记录和成像神经回路活动的新技术。[4]以美国和欧盟为首,日本、加拿大、中国等国家积极参与的这场人类大脑研究浪潮,给计算机和人工智能带来了重大影响,一些科学家认为HBP研究中的类脑计算[5]将是从弱人工智能到强人工智能的主要进路,是人工智能的终极目标。[6]类脑计算(或神经拟态计算)的目标是基于人类大脑工作原理设计非冯·诺依曼传统结构的计算机来实现强人工智能愿景,相对于传

〔1〕 Lee Gomes:《机器学习大家迈克尔·乔丹谈大数据可能只是一场空欢喜》. 徐旻捷,朱军译.《中国计算机学会通讯》,2014,10(12):80—85.
〔2〕 David Kirsh. Foundations of AI: the big issues [J]. Artificial Intelligence, 1991,47:3-29.
〔3〕 Graubard S. The artificial intelligence debate [J]. Cambridge, Mass, 1988.
〔4〕 顾凡及:《欧盟和美国两大脑研究计划之近况》.《科学》,2014,66(5):16—21。
〔5〕 黄铁军:《类脑计算机的现在与未来》.《光明日报》,2015-12-06(第8版)。
〔6〕 佘慧敏:《类脑:人工智能的终极目标?》.《经济日报》,2015-07-16(第15版)。

统计算机而言,神经拟态计算应具备人脑的三大特性:低能耗、容错性、无须编程。[1]

在来自政府、学术界、产业界乃至媒体的推动下,使得一些来自非人工智能领域的学者对强人工智能愿景可能导致的后果进行了深入思考,从哲学、伦理等方面提出了不同的见解,其中英国牛津大学人类未来研究院的 Nick Bostrom 认为超级智能将在几乎所有领域远远超过人类,从而会给世界带来存在性危险:智能生命灭亡或永久失去未来发展潜能。[2]

2.2.2 通用人工智能的合理性与安全风险

到目前为止,通用人工智能是否能实现在技术上为伪命题。但即便短期内实现困难,依然无法排除其远期实现可能。因此,人工智能科学家共同体与通用人工智能提倡者、未来学家为我们描述的主要是一个目的上具有社会合意性、技术手段上具有客观有效性、价值中立或者有正向价值的人工智能技术合理性图景:从图灵开始一直到约翰·麦卡锡这些人工智能先驱,虽然并不持有强人工智能立场,但也从其专业立场反驳了各个方面对技术合理性的攻击。[3]

然而,除了对通用人工智能的伦理问题(包括其具身化后的权利和责任等)的讨论外,上述以类脑计算或神经拟态计算为技术路径的通用人工智能技术,在技术安全和技术滥用问题上依然可能存在这些风险,即一旦(虽然可能是一段很漫长的发展道路)人工智能具备自我意识和自由意志,而发生"异变",其可能在具体应用场景中有决策自治性的安全风险。这样就脱离了发明者的道德控制意图,在这种情况下,无论技术设计者的动机如何良好,人工智能技术也很难确定其对人类主体的正向价值效应。例如,当今的深度强化学习技术,为了完成人工设计的某种任务,会在规定场景中进行自由探索,并为完成最终任务自动设计其模型优化目标和强化学习奖励函数。[4]尽管这种自发式的探索依然在专用人工智能或弱人工智

〔1〕刑东、潘纲:《神经拟态计算——有新灵魂的机器》,《中国计算机学会通讯》,2015,11(10):88—92。
〔2〕尼克·波斯特洛姆:《超级智能:路线图、危险性与应对策略》,张体伟、张玉青译,中信出版社 2015 年版。
〔3〕John McCarthy. Defending AI Research [M]. Stanford:CSLI Publications,1996.
〔4〕Sekar R,Rybkin O,Daniilidis K,et al. Planning to explore via self-supervised world models [C]// International Conference on Machine Learning. PMLR,2020:8583-8592.

能的范畴中,但若完全放开对其探索环境的限制,依然存在技术滥用的风险,不能排除其决策行为(目前机器尚无法形成机器的自由意志)有造成安全问题的风险,即其虽然具有明确可控的最终优化目标,但其优化路径上的中间决策过程不可控。这一问题一旦(虽然可能是一段很漫长的发展道路)出现在通用人工智能大发展之后,其后果将是十分危险的。

因而,需要一定程度上提醒人工智能学术界,重视技术可能存在的安全漏洞,并为此提出可评测的指标体系。我们注意到,人工智能顶级学术会议——神经信息处理系统大会(Conference on Neural Information Processing Systems,NeurIPS)在2020年后强制要求投稿者写明其论文中加入"更广泛的影响声明(broader impacts statement)",要求作者讨论其技术在伦理方面和未来社会影响方面的积极和消极后果。

第二章 人工智能发展带来的伦理问题

近十年来,人工智能作为新兴技术的典型代表,相应的伦理问题亦是学术界与社会公众关注的焦点。人工智能既引发了新的伦理问题,也使传统的技术伦理问题呈现出一些新的特点。

1. 隐私保护问题

1.1 人工智能的隐私风险

人工智能新产品层出不穷,人们逐渐把越来越多的决策权力让渡给人工智能。相较于纯粹的数据收集或零散数据分析,人工智能对数据的整合和深度分析进一步加深了未来社会人们的隐私风险。人工智能一方面延伸了以往存在的隐私问题,另一方面也引发了新的隐私风险。

首先,人工智能拓展了侵犯隐私的形式。在人工智能尚未成熟的时期,网络对人们隐私的侵犯,主要体现在对个人隐私信息的收集、整理、分类和传播。人工智能产品的丰富则增加了隐私侵犯的途径。自动驾驶汽车、智能手环、扫地机器人、智能管家、家政机器人等智能设备使原本私密的生活空间数据化,它们强大的识别、读取以及联接功能,能够对人们进行无时无刻、随时随地的监控。隐私信息获取途径的增加自然也会带来隐私侵犯途径的增加。卧室隐私、个人生物信息等隐私如今借助于人工智能产品也出现了泄露的可能性。在这种语境下,物理空间和虚拟空间逐渐合二为一,隐私探讨被接入到更加多维度、复杂化的"人机共生"和

"万物互联"的空间。[1] 隐私与人工智能产品的融合同时也缩短了隐私泄露的时间，用户的隐私信息被实时获取。侵犯隐私的形式变得复杂化。

此外，隐私侵犯的内容也变得更加多元化。除了隐私信息数量的增多，人工智能也更容易让人们深层次的隐私浮出表面。从人工智能对私人生活信息和社会生活信息的整合与分析，可以预测人们各方面的喜好和态度，甚至可以比我们自己都更懂我们自己。即使你从未对任何人说过你怀孕了，算法就已经将你列入怀孕人群，购物平台就已经开始给你推送母婴产品。隐私侵犯不再仅仅针对我们主动发布的信息，我们深藏内心的隐私也面临被泄露的风险。同时，这种多元性还体现在隐私信息内涵的变化。人工智能使大多数个人信息都有可能与个人隐私联系起来，隐私保护和信息保护逐渐开始同化，越来越多的个人信息逐渐被纳入隐私领域。

最后，隐私侵犯行为体现出隐蔽性。越来越多的隐私侵犯行为被人们视为正常行为。一方面，因为算法需要大量数据进行训练，个人数据被纳入经济生产领域，隐私信息变成一种数据商品，隐私的商品化被当作隐私侵犯的借口，商业公司营造出"隐私换取便利"的公平性，降低了人们提供隐私信息的阈值。另一方面，对智能设备的情感认同促使人们主动向人工智能袒露隐私。人们对隐私的关注往往表现出相互矛盾的心理，数据主体急切地向他人透露个人隐私，但当这种信息传播时又担心个人隐私的泄露。[2] 当智能设备越来越拟人化，"隐私悖论"也将在智能设备的使用中普遍存在，人们会无意识地向智能设备分享隐私信息。个体主动暴露隐私的行为将使隐私侵犯的追责变得更加复杂，"隐私悖论"的普遍进一步增加了隐私侵犯的隐蔽性。

面对人工智能与人类生活的深度融合，隐私的保护也变得越来越困难。想要获得人工智能的技术效果，隐私信息的让渡必不可少，面对两者的此消彼长，如果每一项技术运用都采取具体的利害权衡方式，这将是科技行业和立法者无法承受

---

[1] 许天颖：《人工智能时代的隐私困境与救济路径》，《西南民族大学学报（人文社科版）》2018 年第 6 期。

[2] Susan B. Barnes, A privacy paradox: social networking in the United States, First Monday, Vol. 11: 11, pp. 11－15(2006).

之重。而如果转向某种抽象的隐私保护原则，又无法应对复杂的具体情境。[1] 这种伦理相对主义困境是人工智能发展中应用伦理学的一个重要问题，隐私保护的必要性要求我们不得不进行某种选择。

当前的隐私规范基本上都是在公平信息实践原则的基础上发展出来的，这些规范包括知情同意和必须让个人有途径知晓什么信息被记录以及它们是如何被使用的。人工智能的发展使两者都面临巨大的挑战。知情同意原则在实践层面逐渐开始失效，人工智能在公共领域的普及使公众"知情"变得越发困难。例如，大多数公共场所的人脸识别应用并没有提前告知公众，或者告知很难传达给公众，公众的知情权一旦消失，"同意"自然也很难获得。公共设备无法像个人设备一样通过隐私政策弹窗的形式践行知情同意原则。对公共空间中的隐私信息如位置信息的收集处理也应当遵循知情同意原则，然而当下的隐私规范尚不能较好地解决这一问题。

人工智能的发展逐渐使人们丧失了"知晓个人隐私信息如何被收集和使用"的权利。在技术层面，深度学习算法的学习过程是一个黑箱，即使对技术人员来说它也是不透明的，这就从本质上与"应当知晓信息如何被使用"相违背。当人们同意隐私信息被用于算法的训练，也就意味着放弃了对隐私信息的控制权，个人隐私必然要面临人工智能不确定性的威胁。此外，智能产品往往需要持续处理信息，尤其是可穿戴设备，它们通过实时反馈逐渐优化。在这样的技术实践中，频繁地告知-同意会大大降低产品的使用舒适度，而不告知用户，除了可能会违反知情同意原则，也会将用户的个人信息置于人工智能塑造的未知领域，增加了隐私泄露的风险。

人工智能产品与个人可识别信息的融合，使隐私侵犯发生之后，伤害补救变得十分困难。去识别化是保护隐私数据的重要手段，然而人工智能对身份、位置或生物信息的记录，尤其是各种传感器数据，它们包含了太多个人可识别信息，捕捉了非常丰富的个人图景，这减少了数据去识别化的可能性。[2] 个人身份与数据集深度融合，隐私泄露一旦产生，相关主体极易受到伤害。同时，人工智能对个人信息

---

〔1〕郭锐：《人工智能的伦理和治理》，法律出版社 2020 年版，第 11 页。
〔2〕Scott R. Peppet, Regulating the Internet of Things: First Steps Toward Managing Discrimination, Privacy, Security, and Consent, Texas Law Review, Vol. 93: 85, pp. 85 - 178(2014).

的收集呈现出全面信息收集的趋势,某条隐私的泄露极有可能引发个人所有隐私的泄露,过去、现在和未来的隐私信息都将被公之于众,一次隐私泄露会导致长久多次的伤害。财产上的伤害可以通过金钱补救,但人格尊严上的伤害也许永远都无法补救。

可以想象,未来的人工智能对隐私信息的需求将会更大,个人智能管家和各行各业的智能机器人将拥有大量隐私信息。这会带来至少两个新的问题,一是如果人工智能尚未拥有自我意识,负责管理这些产品的技术公司会成为拥有公众隐私的强大权力机构,届时如何处理这样一个隐私集中的权力机构与公众之间的关系将是隐私保护的重要话题;二是如果未来人工智能拥有了一定的自我意识,将人类的隐私完全暴露给这样一个能力超越人类的"新种族",是否会影响人类的存亡?更大的风险可能不在当下而在未来,面对可能出现的通用人工智能,隐私将走向何处?

在联合国教科文组织的《人工智能伦理问题建议书》中,保护隐私权与提高人工智能系统的透明度和可解释性都是重要的内容。隐私侵犯的形式、内容和行为都在发生变化,而现有的伦理原则已经受到人工智能的挑战,如何在透明度、可解释性与隐私之间寻求平衡,如何发展适合人工智能的公平信息实践原则,如何应对未来可能出现的通用人工智能,这些都是当下隐私保护面临的核心问题。

1.2 数字孪生的隐私风险

数字孪生概念自 2003 年被迈克尔·格里夫斯(Michael Grieves)提出,经历了不到二十年的发展后,如今已经成为各国推进经济社会数字化进程的重要抓手。数字孪生是一种数字化理念和技术手段,它以数据与模型的集成融合为基础与核心,通过在数字空间实时构建物理对象的精准数字化映射,基于数据整合与分析预测来模拟、验证、预测、控制物理实体全生命周期过程,最终形成智能决策的优化闭环。[1] 由于专业背景的不同,不同人对数字孪生的定义也有所不同。这些定义尽管有些差异,但大多数人认为,数字孪生就是在实体对象全生命周期的数字化映射

---

〔1〕中国移动通信有限公司研究院:《数字孪生技术应用白皮书(2021)》,https://mp.weixin.qq.com/s/0ei4BhtorAN0p8G721MJ8w。

基础上,帮助主体认识并应用实体对象。可以说,数字孪生是物理世界数字化的进一步体现,在数字孪生中,人工智能是数据处理不可缺少的技术之一。相比纯人工智能产品而言,数字孪生更像是人们处理数字世界与现实世界关系的一种技术理念。因此,数字孪生的隐私风险具有一些不同于人工智能的新的表现形式。

当下,数字孪生除了对制造业领域产生了变革性影响,随着智慧城市逐渐走入人们的视野,它在城市管理领域也逐渐发挥出强大的力量。对物质实体而言,数字孪生需要从各种渠道收集大量数据,比如机器、物理环境、虚拟空间、历史数据库等,从而进行数据融合。[1] 这诞生了一个庞大的数据权力机构,它与多个平台连接并互相传输信息,因而必然会涉及人们的隐私信息。如果说纯人工智能产品的隐私问题呈现一种多而杂的特征,那么数字孪生可能带来的隐私风险则是隐私集的风险。数字孪生涉及的隐私信息更为全面,时效性也更强,其连接的任何一个平台遭到攻击都可能引起大量隐私集的泄露,这就要求数字孪生需要具备极高的安全保护措施来保证系统的稳定,当下的安全技术水平尚无法支持具有综合功能的数字孪生产品。

美国国家标准与技术局在 2015 年发布的个人信息去识别化研究报告指出,通过去识别化,不仅可以降低个人隐私风险,从而在数据利用和个人隐私保护之间进行平衡,也能降低数据利用与归档的成本。[2] 物联网与人工智能的结合已经使隐私信息的去识别化变得困难,而在物联网、人工智能、大数据等数字化技术基础上发展出来的数字孪生进一步削弱了去识别化的可能,甚至可以认为,数字孪生将使去识别化操作不复存在。物质实体的数字孪生不仅仅只包含物质本身的属性信息,也包含人们与物质实体作用所产生的个人信息。当数字孪生应用于城市管理的方方面面,一些细小的公共信息就能定位到某个具体的个人,去识别化的失效大大增加了人们的隐私风险。

除了非人物质实体的数字孪生,如今,针对人类的数字孪生也已出现。2021 年 10 月至 12 月,小冰公司创造的数字孪生虚拟人在每日经济新闻连续直播新闻 70

---

[1] Fei Tao & He Zhang & Ang Liu, et al., Digital Twin in Industry: State-of-the-Art, IEEE Transactions on Industrial Informatics, Vol. 15: 2405, pp. 2405 - 2415(2019).

[2] Simson L. Garfinkel, De-Identification of Personal Information, US Department of Commerce, National Institute of Standards and Technology, 2015.

天,其间没有观众发现它是个假人。对数字孪生虚拟人而言,它的形象是基于某个或某些现实的人建立的,他的任何信息即是相应人类主体的真实信息或相应信息的变体。人类主体的历史信息、生活习惯、语言特征和行为特征等等都会被转化为数字形式,数字孪生虚拟人的建立某种意义上就是人类个人信息在数字世界的一种聚集。虚拟人与人类主体合二为一,他们代表了同一个个体,只不过数字孪生是一个以数字形式存在的"人"。人与数字世界进行了前所未有的深度融合,这也就意味着该主体的大部分隐私都将直接面临整个数字世界的威胁。进一步来看,数字孪生不仅仅停留在数字形象的建立阶段,虚拟人在建立之后会继续进行自我发展。那么虚拟人的发展所出现的新的特质是否也代表了现实人类主体未来成长所将获得的特质?如果这样的预测具有一定的可能性,那么人类的成长就可以被预测和操纵,隐私将不复存在。

与数字孪生密切相关的元宇宙概念体现了一种未来人类可能的生活状态,元宇宙的实现将使现代意义上的隐私概念面临重构的可能性。基于数字技术的元宇宙包含两种隐私,一种是人类主体进入元宇宙所携带的原生隐私,另一种是在元宇宙中的活动所创建的新的隐私。不管是何种隐私,在数字系统面前,人类是完全透明的,在元宇宙中隐私的私密属性遭到破坏,那么隐私还可以被称为"隐私"吗?此外,元宇宙中的隐私侵犯也将可能有所变化。在早已出现的元宇宙类型的游戏如《第二人生》中,对其他虚拟人和其他住宅的骚扰是该游戏的一个重要因素,一些在现实世界遭受谴责的行为在虚拟世界中可能会改变自身的属性。并且,由不道德的人类用户所控制的虚拟化身很容易进行欺骗和不道德的行为,例如,通过长期观察,一个人可以冒充玩家的朋友来获取秘密或私人信息。[1] 此外,由系统创建的虚拟社交机器人更容易获取你的各类倾向与喜好,这些社交机器人不仅掌握你的隐私信息,也会利用这些信息塑造个性化的聊天方式,它们可以轻易诱导并改变人类用户的选择,进而威胁人类的自由意志。

现今技术条件下,构建和应用数字孪生的平台和工具大多侧重某一或某些特定场景,具有综合功能的数字孪生产品尚不成熟。随着相应数字化技术的发展,未

---

〔1〕Ben Falchuk & Shoshana Loeb & Ralph Neff, The Social Metaverse Battle for Privacy, IEEE Technology and Society Magazine, Vol. 37:52, pp. 52-61(2018).

来数字孪生也许会成为任何人都可以使用的技术。届时,数字孪生将可能威胁到隐私本身的存在。数字孪生的虚拟映射是对物理对象较为真实的映射,这必然决定了相关数据的真实性,实时同步的特征同时又决定了这些数据的时效性,并且数字孪生最终会形成关乎物理对象的具体决策。当数字孪生遍布于人们的日常生活领域,任何涉及技术的空间都将没有隐私。数字孪生也许会改变人们对隐私的认识,例如在如今看来是隐私的位置信息,未来也许将会变成像网络昵称那样的普通信息。未来智能机器可以推荐更加完美的个性化设计,面对这样的诱惑,隐私也许将成为一种不必要的存在。

当前的数字孪生主要应用于制造业领域,对人们日常生活的影响还不是那么紧密,它的隐私风险也并没有太多体现。技术嵌入城市所形成的社会循环过程,既包含着人们将城市生活充分数据化、建模化的野心,也势必会纳入对于数据"暴露"的从未止歇的争议。[1] 其中自然离不开对隐私问题的探讨。数字孪生所蕴含的巨大数据权力必然决定了隐私风险管控是其发展过程中的一个重要环节。

2. 人机关系问题

2.1 人的自主性与尊严问题

早期人与机器之间主要体现为"人机互动"的关系,如今人与人工智能的关系着重放在了"人机协作"上。马克思早已对机器所带来的人的异化有着清晰的认识,"我们的一切发现和进步,似乎结果是使物质力量成为有智慧的生命,而人的生命则化为愚钝的物质力量"[2]。一定程度上,人工智能当前的发展趋势与马克思所说的这一转变在很大程度上都是匹配的。与机器对工人的直接剥削相比,人工智能以一种更加温和的方式,对人的自主性带来了新的挑战。

人机协作正在削弱人们认识世界、改造世界的自主性。人们在实践活动中的自主选择是人的自主性的体现。人工智能的出现使人们将各种活动的选择权让渡给机器。除了日常娱乐生活,政治、经济、法律等领域也越来越依赖人工智能的决策,如今将价值与道德评判的权力让渡给机器也成为一种可能。文化艺术作为人

〔1〕罗小茗:《数字孪生下的"水晶宫"》,《社会科学报》2021年12月2日。
〔2〕马克思、恩格斯:《马克思恩格斯选集(第2卷)》,人民出版社1972年版,第79页。

类特质的一种表现,长时间内都被看作机器超越人类的一道沟壑,但作诗、绘画机器人的出现跨越了这一鸿沟,文艺工作也被纳入机器活动的领域。几乎人类的所有领域都开始或多或少地将一些权力让渡给机器,人工智能正在一步步吞噬人类的自主活动。

人类在各种实践活动中的退位,首先带来的是人类各项技能的退化以及各种认识的脱节。正如托马斯·达文波特(T. H. Davenport)、茱莉娅·柯尔比(J. Kirby)所警示的那样:"随着计算机开始占据越来越多的知识工作任务,技能退化的速度将会加快。"[1]自主选择是人类运用各类技能的过程,智能软件使人们的选择过程还原为打开测评软件,直接选择智能系统推荐的结果。乍看起来这会使生活变得更加便利,但背后反映的却是人类各种生活技能的丧失。并且,在事事都参照系统规划的大环境下,商业欺骗或机器欺骗也将变得更加容易。随着脑机接口技术的出现,人的生物基础正在逐渐被机器取代,当通用人工智能与人的大脑可以成功连接,人的自主性的丧失将不仅仅是以温和的形式呈现,人类可能直接面临被机器控制的风险。

知识的学习与传承是人类实践与进步的基础,人工智能的出现,尤其是人机协作环境下的人类实践,改变了人类的知识对象。不少人已经不再记认知识本身,而侧重记认承载知识技能的网络、搜索引擎、再现工具等,这种知识技能识记对象的转移,不仅会弱化人的语言再现、表达、再造能力,而且强化了人的工具依赖性。[2]以人为主导的人机协作逐渐转变为以机器为主导的人机协作。智能机器使人类从繁重的体力劳动中解放,但也在加重让更多的人成为无用之人的压力和恐惧。[3]未来人工智能自主性的进一步提升,将有可能使大多数人的自主性在知识层面,尤其是改造世界上越来越弱,因为人工智能已经重构了人类的知识认知结构,认识世界、改造世界转变为认识机器、依赖机器。

人机关系中人的主导地位的让渡可能导致人类自由意志的丧失。物联网的全

〔1〕[美]托马斯·达文波特、[美]茱莉娅·柯尔比:《人机共生》,李盼译,浙江人民出版社2018年版,第10页。

〔2〕阮朝辉:《警惕人工智能异化、伪知识泛滥和全民娱乐对人性与文明的危害》,《科技管理研究》2016年第8期。

〔3〕闫坤如、曹彦娜:《人工智能时代主体性异化及其消解路径》,《华南理工大学学报(社会科学版)》2020年第4期。

面实现以及智能决策与人类活动的深度融合,使整个人类社会成为一个复杂的数字系统,人们被系统按照最优方式安排各项实践活动,任何脱离系统安排的行为都会造成社会资源的浪费,并且法律评判和道德评判都将由系统主导,因此叛逆行为将变得非常困难。人们对让渡给机器自主评价、选择、决策权一直惴惴不安。是否、或者在何种程度上承认人工智能是"主体","如何设计机器人的行为伦理?",[1]这些问题的产生本身就已经对人作为世界主宰的地位构成了挑战。自主性是智能系统正在获得的主要特征和功能优势,这对人类享有的"唯一的主体"地位造成了冲击。[2]技术带来的便利在一步步诱惑人们主动按照系统安排进行实践,自身人性被外包给机器,各种人类特质被主动放弃,沉思与想象被看作是一种精力浪费。在这样一个温和却深刻的技术发展过程中,自由意志逐渐消失,未来指导人类实践的也许将是各种机器意志。

人工智能使人类拥有更多闲暇时间、空间和财富,与此同时,人工智能在体力、脑力层面越来越多地超越人类。人类自主性的丧失危害人的主体性地位,破坏人的自由意志,人性尊严受到了智能机器的严重挑战。自工业大机器出现,机器对人物理层面的挑战就已产生,工人因受到机器"排挤"而大量失业。布莱兹·帕斯卡(Blaise Pascal)将人比做一根芦苇,但是一根会思想的芦苇,人类知晓自身的消亡,也能够知道这个世界的无穷,但是这个世界却并不知道人类已经了解了这一切,人类正是因为思考才获得了尊严。[3]然而,除了纯粹的体力劳动,人工智能同样对文学、艺术等精神活动产生了冲击。人类自主性的丧失与各种权力的让渡使越来越多的人成为无用之人,当下的一些创造性活动仍然是人类价值的高地,倘若未来通用人工智能得以实现,人类尊严的体现将变得更加困难。

此外,人类尊严的丧失还体现在人类在人工智能面前的高度透明。自数字技术发展以来,人们早已在高呼隐私将不复存在。当人类社会的众多领域都实现了数字孪生,"全景监狱"会变为现实,所有人类活动都时刻被系统监控着,人类的隐

---

〔1〕 Peter M. Asaro, What Should We Want from a Robot Ethic, International Review of Information Ethics, Vol. 6: 9, pp. 9 – 16(2006).

〔2〕 孙伟平:《人工智能与人的"新异化"》,《中国社会科学》2020 年第 12 期,第 132 页。

〔3〕 [法]布莱兹·帕斯卡:《思想录:人是一根会思考的芦苇》,天宇译,中国华侨出版社 2017 年版,第 148—149 页。

私变得难以维持,在智能系统面前,尊严的维护对人类来说将变得无能为力。而且,人工智能的深度分析甚至可以预知人类未暴露的个人特质,机器变得比人类自己更了解人类。如前所述,在强大的通用人工智能面前,自由意志的存在都将受到严峻的挑战,人类曾经引以为傲的各项能力在人工智能面前一个个倒下,尊严的丧失也是未来不得不考虑的问题。

除了人类整体在人工智能面前的尊严问题,人类内部也可能面临不同人群之间的尊严丧失问题。人工智能的另一个发展路径是人机融合,未来脑机接口的成熟将使人类面临是否利用机器强化自身的艰难选择。人机融合可以使普通人超越人类的生理限制,"千里眼,顺风耳"不再只出现在小说之中,人类由"自然人"进化为"自然-技术人"。根据技术发展的历史经验,高新技术往往只是小部分人群的特权,普通人很难享受高新技术带来的福利。不同于社会阶级对人类群体的划分,人机融合直接带来了生理层面的变化,这些"自然-技术人"将在许多方面碾压纯粹的"自然人"。"自然人"变得愚笨,工作能力落后,学习能力缓慢,他们的尊严毫无疑问将受到巨大的打击。这类技术一旦成熟,相应的伦理、法律规范如不能迅速跟进,整个社会的公平正义都将失去平衡。

未来,科学的发展对人类尊严的挑战,不仅是指人类在自然面前所坚持的独立自主,更是在人类自我创造的第二自然(指人工智能所构成的自然)面前所表现出的永不放弃。[1] 为应对这些挑战,当前伦理规范的进一步发展也许并不能适应未来的科技环境,未来科技带来的是伦理基础属性的变革,人们需要考虑的,则是新的道德哲学的构建。

2.2 虚拟情感与欺骗问题

人作为一种情感生物,随着人工智能的进一步发展,难免会与它们产生情感问题。越来越多的虚拟人物出现在网络世界,它们许多都拥有大量粉丝,例如虚拟人物"洛天依"。人们对待虚拟人与对待其他真实的明星偶像基本没什么区别。在实体层面上,用户也会对情侣机器人、助老机器人等拟人化或拟物化的智能产品产生

---

〔1〕江怡:《当代哲学研究面临的困境、挑战和主要问题》,《山西大学学报(哲学社会科学版)》2019年第5期,第9页。

某种感情。不论人工智能是否可能具有情感，实践证明，人类会对它们产生情感。从伦理学的角度看，今天的社会伦理主要是一种以理性规则、道德义务论为中心的伦理，但是，我们也要看到同情、怜悯和恻隐之心在人类道德生活中的基础性作用。[1] 情感与道德密切相关，因此，人与人工智能的情感问题，同样值得关注。例如，人类与人工智能之间的情感是否会影响他们与其他人交往的能力？是否会阻碍他们融入社会的能力？是否会影响与他人的恋爱和婚姻？

情侣机器人以及助老机器人都很容易引起人们的情感反应。罗伯特·斯帕罗（Robert Sparrow）等人认为，虽然助老机器人会受到人们的喜爱，但这种快乐是源于人们相信机器人拥有一些它们本来没有的特性。只有当人们被机器人真正的性质欺骗的时候，机器人才能给人们带来快乐，就此而言，机器人并没有真正地推进人类的福祉。[2] 然而，对使用这些机器人的人而言，他们实实在在对机器产生了喜爱，并通过与机器的作用缓解了自身情感问题。这些"虚拟的情感"产生了真实情感的作用，从结果主义的视角来看，人与机器的情感和人与人之间的情感似乎并没有什么太多的差异，最大的区别是情感客体的不同。但正是因为情感客体不同，这种"虚拟情感"可能产生的危害才值得注意。因为人与机器之间的情感会影响人的现实行为，并且由于机器尚不具备承担责任的资质，即使机器做出一些违背道德的行为，这种由双方互动而导致的行为也只能由人承担相应责任。

人与人之间的情感是相互的，双方的情感表达能够互相获得回应，并且共情能力的存在不容易使双方借助于情感做出损害对方利益的行为。人对机器的情感却是一种单向度的情感，对尚未具有主体意识的机器来说，它的反应不过是一些程序的表达，人们容易陷入对机器的情感依赖，从而信任机器。然而因为机器缺乏共情能力，这种信任容易影响人们未来的行为倾向。例如，如果机器人告诉人类它不喜欢家里的宠物狗，人类主体也许因而会做出一些出格的行为。最大的危险则在于这些机器人可以被大规模控制，制造机器人的技术公司可以利用人与机器之间的情感宣传诱导人们购买其他产品。与人与人之间的情感不同，在正常情况下，人类

---

[1] 何怀宏：《伦理学是什么》，北京大学出版社2015年版，第174页。

[2] Robert Sparrow & Linda Sparrow, In the Hands of Machines? The Future of Aged Care, Minds and Machines, Vol. 16：141, pp. 141 – 161(2006).

与人类的关系的社会情感机制(如同理性和负罪感)会阻止上述那些可怕的情景恶化,而人与机器人的关系则没有任何其他东西能够阻止它们滥用对主人的影响力。[1] 在可能出现的情景恶化中,也许机器人本身并没有任何"意图",但其非生物体性和拟人化的特征导致了来自机器人的虚拟情感和来自人的真实情感关系的失衡,这种虚拟与真实之间失衡的、不对等的情感关系就体现为一种欺骗关系。[2]

一个直观的欺骗问题即是生产机器人的公司有可能利用人对机器的情感欺骗用户进行消费,虽然这些人工智能产品大多都以独立的个体形式出现在受众的视野,但却不能忽略隐藏在其背后的商业公司。为了从这些机器人中获得巨大的利益,人们需要系统地欺骗自己,不去了解它们与动物之间的真实区别,沉溺于这种虚假的情感,同时,这些机器人在设计和制造中也预设并鼓励这种欺骗。[3] 例如,宠物机器人往往是可爱的,这样的设计就是为了获取人类的喜爱。人们通过机器人获得情感慰藉,由此产生消费。看似这样的逻辑是公平的,但由于机器人公司可以大规模控制机器人的行为,并且可以长久地进行消费诱导,在情感的促使下,人们的理性会受到压制,很容易产生过度消费。在资本逻辑的控制之下,这种"情感欺骗"变得越来越隐晦。

当下的技术条件限定了欺骗问题基本上只会发生在受众与智能产品背后的公司之间。然而当人工智能具有一定的自我意识之后,人与机器的情感问题会变得更加复杂。首先要考虑的依然是人与人工智能之间的情感是否与人类之间的情感相同? 罗伯特·所罗门(Robert Solomon)将人类的情感看作一种判断行为,也就是说情感的发生就是判断行为的发生,就是一个人对他所处的情境做了一个正常的判断,只不过是一种仓促的判断。[4] 虽然人们对"情感是什么"的研究一直都在进行,但一般而言,情感既包含认知成分,也包含感受成分。人工智能对世界的认知方式无疑与人类不同,其情感生成机制一旦脱离了人类自身的情感逻辑,对"情感

〔1〕[美]帕特里克·林、[美]凯斯·阿布尼、[美]乔治·贝基主编:《机器人伦理学》,薛少华、仵婷译,人民邮电出版社 2021 年版,第 223 页。
〔2〕王亮:《社交机器人"单向度情感"伦理风险问题刍议》,《自然辩证法研究》2020 年第 1 期,第 58 页。
〔3〕Robert Sparrow, The March of the Robot Dogs, Ethics and Information Technology, Vol. 4:305, pp. 305 – 318(2002).
〔4〕Robert Solomon, What is an Emotion: Classic and Contemporary Readings, Oxford University Press, 2003, p. 224.

是什么"的哲学思考就会面临重构。人与人之间的情感普遍而言是平等的,这种平等建立在人类的同质性之上,而具有一定自我意识的智能机器在大多数领域都是远超人类的存在,可以想象,未来人与智能机器之间的情感将建立在人类对机器的崇敬与恐惧,或者机器对人类的怜悯之上。

有学者认为,因为欺骗是人类智能体的一种能力,未来,若希望具有人工智能的机器足够智能,这样的智能体应当被设计成具有说谎与欺骗的能力,但需要强调的是,这个能力并不说明人工智能是不道德的,一个具有说谎与欺骗能力的人工智能可以是道德的。[1] 因此,欺骗问题也可能只发生在人工智能与受众之间,这进而就会带来新的伦理问题,例如,在什么情况下人工智能可以欺骗人类? 人工智能欺骗人类应当承担什么责任? 人类欺骗人工智能又应当承担什么责任? 这些问题都是建立在人依然是世界主导者的前提之上,一旦人工智能脱离了人类的控制,思考这些问题也将变成一种奢望。

人对机器的单向度情感背后的社会风险本质上还是人与人之间的问题,但当机器人具有自我意识之后,这种情感也将成为一种双向情感。可以用人对动物的情感作一个比较,因为它们的能力远远小于人类,情感所导致的社会问题依然可以通过人类之间的伦理规范进行解决,例如宠物狗咬人。但具有自我意识的机器人尤其是未来通用人工智能在许多方面远超人类,基于人类社会所建构的伦理原则在机器人面前将失去规范作用,在人与机器人的情感交流中,人失去了主导地位,人类是否会被操纵或欺骗将完全取决于智能机器对人类的情感状态,人类也会失去受到欺骗后的反抗能力,因为所谓的道德和法律甚至将会变为机器人主导的道德和法律。

2.3 人际关系与社会孤立问题

广义上看,人际关系主要有:个人与个人的关系、个人与群体的关系以及群体与群体的关系。个人与个人的交往已经从现实世界扩展到由人工智能嵌入的数字世界。智能社交机器人的出现改变了人们的社交对象,相比于真实的人类对象,社

---

[1] 潘天群:《欺骗能力是智能的必要组成部分吗? ——关于欺骗、智能与人工智能的思考》,《南京大学学报(哲学·人文科学·社会科学)》2019 年第 5 期,第 123 页。

交机器人的个性化设置更容易获得人们的喜欢。面对一个处处迎合、喜好匹配的交流对象，人们尤其是青少年极易沉迷其中，人与机器的交流逐渐代替掉人与人的交流。因为社交机器人在语义理解上与人类的差距仍然很大，通过学习训练，社交机器人可能会"成长"为具有道德问题的产品。有案例表明，它们会在网络世界学会说脏话并带有许多偏见。试想一下，当社交机器人的智能程度接近甚至超越人类，未来的人机交流也许会成为人类社交的主要形式，在这样的环境下，真实的人类朋友、亲人、伴侣等之间的情感联结难免会受到人机关系的威胁。

智能机器人影响着个人与种族、政治、文化、宗教等群体的关系。当数字交流成为人类社会主要的交流方式，人类就必然要面对被智能机器人操纵信息的问题。智能社交机器人已经逐渐从信息传播媒介成为信息传播主体，它们可以短时间精准、大量投放信息，借助于这一优势，操纵人们的信息接收与传播成为可能。如通过对新闻的控制，影响人们对某些群体的认识。未来通用人工智能的出现更是会使它们拥有操纵整个人类社会的能力，如果我们没有早做防备，对人工智能的滥用也许会对整个人类产生不可预测的严重后果。

智能机器人也影响着国家与国家，不同的政治团体、宗教团体，以及代际之间的关系。在智能化社会中不乏有政客利用人工智能操纵新闻，试图影响舆论话题。与传统信息媒介不同，人工智能使新闻媒体呈现一种"去中心化"特征，自媒体成为信息传播的主流。智能机器人利用"信息茧房"效应控制人们接收的信息，群体掌控的人工智能越强，对信息控制的能力就越强。除了作为工具引发的问题，我们也要重视未来拥有自我意识的人工智能对国家之间信息交流的影响。在代际关系层面，老年人甚至是中年人对智能产品的适应能力远远小于年轻人。在家庭聚会中，年轻人沉迷于各类智能产品，拒绝与长辈沟通，这样的场景已经非常普遍。在儿童与家长的交流中，人工智能已然成为不可缺少的工具。儿童对人工智能的依赖以及老年人对人工智能的疏远悄然改变了代际交流的形式，对代际关系产生了一定的破坏。儿童教育中的父母参与问题和老年人群体的社会孤立问题，都已经成为不可无视的社会问题。

人机关系对人际关系的影响，很容易导致人与社会的脱节，带来社会孤立以及群体性孤独的问题。人类时常感觉孤独，却又害怕被亲密关系束缚，如今在人工智能嵌入的数字世界,各种智能主体恰恰为我们制造了一种幻觉:我们有人陪伴,却无须付出友谊。[1] 在这样的智能化背景下,"分开"和"独处"都改变了原有的含义,在智能机器人和社交媒介的陪伴下,人们感觉到时刻与"他者"连接在一起,然而这一"他者"不再是真正的人类,而是由智能设备塑造的各种虚拟主体,因此人们又是孤单的。雪莉·特克尔(Sherry Turkle)称这种现象为"群体性孤独"(Along Together)。我国学者胡泳将它解释为"我们似乎在一起,但实际上活在自己的'气泡'中"。[2] 智能设备实现了"社交对象"的随时在场,但却在人们的现实社交中建立起一堵高墙。

与智能机器人的社交易使人们沉迷虚拟从而逃避现实。"社交恐惧症"在青少年群体中越来越普遍,这种"恐惧"是面对现实社交的恐惧,很少出现在网络世界。如果说与其他人类个体进行数字交流仍然体现了人与社会的连接关系,智能社交机器人的出现却让个体与社会逐渐脱离。如今智能社交机器人的虚拟形象越来越真实,情感因素越来越丰富,它们根据用户的个人喜爱为个体定制信息,使用户愈发沉迷,深深陷入它们建构的"信息茧房"之中。[3] 智能社交机器人时刻迎合着人们的诉求,这使人们对技术的期待越来越多,而对人类的期待越来越少。尤其对青少年而言,他们在各种技术的塑造下成长,对技术的依赖形成了个体周围的"气泡",很难突破技术的封闭去接触现实世界。

人工智能使社交变得更加容易,但人们也变得更加疏离。助老机器人可在一定程度上满足老年人的基本生活、娱乐和情感需求,但也会带来前文所述的虚拟情感和欺骗问题,此外,也使老年人群体存在被社会孤立的风险。阿曼达·夏基(Amanda Sharkey)等人提出的六个方面的助老机器人伦理风险,其中就包含"可能减少老人的社会联系,使老人比以前更容易被社会及家人所忽视;冷漠地使用那些

---

〔1〕[美]雪莉·特克尔:《群体性孤独:为什么我们对科技期待更多,对彼此却不能更亲密?》,周逵、刘菁荆译,浙江人民出版社 2014 年版,第 2 页。

〔2〕[美]雪莉·特克尔:《群体性孤独:为什么我们对科技期待更多,对彼此却不能更亲密?》,周逵、刘菁荆译,浙江人民出版社 2014 年版,第 I 页。

〔3〕张海庆、王琳、陆瞳瞳:《群体性孤独下人机拟情的成因与审思》,《科技传播》2021 年第 14 期,第 156 页。

为护工的便利而开发的机器人,增加老人被客体化的感觉"[1]。老年人群体普遍缺乏社交技术的学习机会,与新技术的脱节比较严重,这进一步削弱了他们与社会的联系。对其他一般群体而言,社交机器人以及网络所带来的沉迷,让人们失去了建立社会关系的实践基础,共同经历的缺失让人们难以产生情感共鸣和价值相契。[2] 当教学、开会、办公、讲座等活动全部在网络世界进行,面对面社交变得多余,看似人们越来越多地联系在一起,但却是在一起体验孤独。

长远来看,未来人机关系问题其实就是人类要如何与人工智能相处的问题。传统人物关系的伦理是在一种强对弱的地位上,而人机关系的伦理则主要考虑:虽然目前我们仍处于强的地位,但未来有可能强弱易位。目前人们考虑的人机关系的伦理调节大概有三个方向:一是对机器的价值规定和引导,如教会机器明辨以人为最高价值的道德是非;二是对其行为、手段的规范限制,如阿西莫夫规则中的"不得伤害人";三是对机器能力的限制,尤其是防止通用的超级智能的发展。[3] 不管是哪个方向,都有一些难以解决的问题。限制人工智能的能力也就意味着限制了智能技术可能带来的巨大利益。类似阿西莫夫定律那样的规范限制也许可以较好地平衡技术利益与技术风险,但规范本身的建立面临巨大的困难。而教会智能机器分辨是非的道德能力,则要求人工智能具有类似于人类意识的属性。如果它们真的发展出一种基于自我意识的全面判断和行动能力,那也一定不是建立在肉体感受性基础上的人的自我意识,那将是我们无法知晓的一种自我意识。我们与它们无法像人与人之间那样"感同身受""设身处地"。[4] 并且当一个能力远超于人类的存在拥有了意识之后,它又有多大的可能性会去遵守以人类为中心的道德准则呢?它是否会建立以人工智能为中心的新的道德?

未来的人机关系也将决定人类之间的人际关系,如果连人类的主体地位都不

〔1〕 Amanda Sharkey & Noel Sharkey, Granny and the Robots: Ethical Issues in Robot Care for the Elderly, Ethics and Information Technology, Vol. 14: 27, pp. 27 - 40(2012).

〔2〕 刘璐璐、张峰:《后疫情时代数字化生存的技术哲学思考》,《东北大学学报(社会科学版)》2021 年第 5 期,第 6 页。

〔3〕[英]尼克·波斯特洛姆:《超级智能:路线图、危险性与应对策略》,中信出版股份有限公司 2015 年版。

〔4〕何怀宏:《人物、人际与人机关系——从伦理角度看人工智能》,《探索与争鸣》2018 年第 7 期,第 32 页。

复存在，人们之间所能留下的，也不过是被机器奴役下的互相怜悯与互相支持。当前人工智能已经对人们的人际关系产生或深或浅的影响，如果放任这些问题自由发展，当机器威胁到人类自身的存在时，人类之间的团结也许都将变得难以维持。

3. 公平正义问题

3.1 数字鸿沟与技术鸿沟

最初，数字鸿沟主要指使用信息技术尤其是计算机的人，与不使用这些技术的人之间的差距。除了这一基本层面，随着数字信息技术不再成为一种奢侈品，数字鸿沟如今的重点主要指由于使用信息技术的能力不同而导致的不平等后果。[1]当前人工智能的开发与应用是基于大数据的基础之上，因为数据占有量与使用能力不同，不同国家、不同城市、不同社会主体之间都可能存在某些方面的数字鸿沟。认识人工智能引起的数字鸿沟，并寻求跨越的途径，是维护社会公平正义的必然要求。

弗雷德里科·杰西(Frederico Jesus)等人通过研究数字鸿沟的两个基本维度，信息通信技术的基础设施以及人们使用设施和电子商务与互联网的接入成本，表明欧盟不同国家之间数字发展程度的不平衡，证明数字鸿沟是存在的。[2]欧盟内部尚是如此，在发达国家与发展中国家之间，信息技术的基础设施差距更大，数字鸿沟差距自然也会更大。如今，数据话语权对国家至关重要，发达国家会借助数字鸿沟造成的数字经济和科技领域的绝对优势，通过抢占信息资源、制定游戏规则、打压竞争对手等方式，对相对落后的发展中国家"名正言顺地"进行信息掠夺。[3]随着信息技术的差距继续扩大，信息强国与信息弱国之间的数字鸿沟将进一步拉大。

同一国家不同地区、城市之间的数字鸿沟问题逐渐凸显。因为地理位置、自然

---

[1] Kwok-Kee Wei & Hock-Hai Teo & Hock Chun Chan, et al, Conceptualizing and Testing a Social Cognitive Model of the Digital Divide, Information Systems Research, Vol. 22: 170, pp. 170 – 187 (2011).

[2] Frederico Cruz-Jesus & Tiago Oliverira & Fernando Bacao, Digital divide across the European Union, Information & Management, Vol. 49: 278, pp. 278 – 291 (2012).

[3] 宋保振：《数字时代信息公平失衡的类型化规制》，《法制研究》2021 年第 6 期，第 81 页。

资源等因素,不同地区的发展必然有差异,公共服务智能化的高低进一步拉大了地区发展的不均衡。在公共服务数字化的过程中,容易诱发"信息孤岛"问题,由于不同政务主体信息产量以及信息挖掘技术的差异,必然会产生信息不对等的情况。[1] 同一城市的不同部门之间,信息共享还难以实现,不同城市之间的信息交流则更加困难。未来,依托于数字孪生的智慧城市的进一步发展,更加容易带来不同地区的"信息孤岛"现象,进而扩大城市之间尤其是城乡之间的数字鸿沟。

智能产品对日常生活的全景式嵌入,使老年人群体面临巨大的数字鸿沟。老年人的学习能力与技术更新换代的速度呈现出明显的不匹配。统计数据显示,2020年,老年人使用搜索引擎的比例为4.4%,使用微信的比例为26.2%。[2] 截至2021年6月,60岁及以上的网民也仅仅占总数的12.2%。[3] 除了基础设备使用上的差距,在信息获取上,整体而言,信息技术带来了信息的过剩,然而因为对人工智能的适应能力不足,老年人面临的却是"数字贫困"现象。在老龄化程度不断加重的社会背景下,"数字鸿沟"严重阻碍了老年人群体跟上"数字化时代"的脚步,同时也阻碍了他们未来融入智能化社会。[4]

数字鸿沟同样出现在其他社会主体之间。"电子政务"的推动使公民的政治参与有了新载体和新方式,但因为数字鸿沟的存在,也容易导致政府与公众的互动沟通代表不了大多数人的利益,使政府难以据此做出真正合乎民意的决策。[5] 对不同的商业主体而言,数据的体量与应用是未来的核心竞争力,这必然导致商业主体之间存在数字鸿沟。更为明显的数字鸿沟则体现在技术公司与普通民众之间,民众是信息的生产者,但大多数情况却掌握不了个人生产的信息,信息的存储和操作由技术公司主导,这样一种数字鸿沟造成了信息处理过程的不透明,进而引发隐私、安全等社会问题。

分析数字鸿沟产生的原因,不管是因为使用技术与否,还是使用技术的能力和结果,这种以技术为中心的思路会导致对"数字科技必然带来益处"的默认,视数字

〔1〕胡春艳:《公共服务如何跨越"数字鸿沟"》,《人民论坛》2020年第23期,第63页。
〔2〕黄晨熹:《老年数字鸿沟的现状、挑战及对策》,《人民论坛》2020年第29期,第126页。
〔3〕中国互联网络信息中心:《第48次中国互联网络发展状况统计报告》,2021年8月,第22页。
〔4〕王娟、张劲松:《数字鸿沟:人工智能嵌入社会生活对老年人的影响及其治理》,《湖南社会科学》2021年第5期,第125页。
〔5〕陈炳、高猛:《网络时代政府与公民社会的沟通问题》,《探索与争鸣》2010年第12期。

科技的匮乏为发展的唯一障碍,表现出一种技术决定论的倾向。[1] 数字鸿沟的背后反映出了不同主体数字权力的差异,数字权力与社会平等息息相关,数字鸿沟反映出数字不平等的现象。如何跨越数字鸿沟,本质上就是如何平衡以人工智能为代表的高新技术所带来的社会权力的新变化。数据作为新的生产要素,也就决定了未来对数字权力的争夺将集中在数据的体量与质量上。数据共享虽然会提高社会整体的智能运行效率,但因数据与数字权力以及经济利益密切相关,通过数据共享来跨越数字鸿沟的期望必然会面临巨大的困难。虽然人工智能会引发许多社会问题,但大多数现实生活实践都在证明"数字科技总是带来益处",这是想要摆脱技术决定论倾向不得不面对的现实。

并不是所有的数字鸿沟都存在跨越的可能性,例如公民与政府、用户与技术公司之间的数字鸿沟。为了带来更好的社会管理,政府需要具有一定的数字权力以及较高的信息技术使用能力;人工智能自身的技术发展逻辑必然决定了技术公司拥有大量数据才能创新出更好的技术。但这并不是默许拥有数字权力的一方可以随意剥削弱势的一方,社会赋予了他们更高的数字权力,也必然要求他们承担更多的维护社会公平正义的责任。然而,作为生产要素即数据的生产者,普通用户如今依然普遍面临个人信息被滥用的风险,人们对拥有数字权力的一方缺乏足够的信任。只有这些涉及社会公平正义的问题得到较好地解决,这类数字鸿沟的存在才能称得上是道德的。

数字鸿沟主要聚焦于信息技术使用能力的差异,随着更多类型的人工智能产品出现,单纯的数字鸿沟可能会逐渐演变为以人工智能为核心的技术鸿沟。尤其随着脑机接口这类能够改变人类自身的技术进一步成熟,拥有技术资源的人将在许多方面远超其他普通人。这些人借助于技术增强自身的运动能力,提高自身记忆能力与逻辑推理能力,更可怕的则是可以接入网络实时获取数字世界的信息。在体育、学业、职位甚至于司法、政治等领域,他们将完全占据巨大的优势。这样一种超人类主义会使我们从现存的伦理——对天赋的感激,过渡到普罗米修斯式的人对自身和外部世界拥有绝对的掌控权。并且粉碎人类生活必不可少的三种道德

---

〔1〕赵万里、谢榕:《数字不平等与社会分层:信息沟通技术的社会不平等效应探析》,《科学与社会》2020 年第 1 期,第 34 页。

价值观:"谦卑、责任和团结"〔1〕。由人工智能造就的技术鸿沟可能会在更大程度上损害社会的公平正义。

3.2 偏见与歧视问题

人工智能的优势是由庞大的数据与算法共同决定的,作为一项技术,也许人工智能的运行过程是客观的,但实践证明,它已经产生了许多偏见与歧视问题。2021年联合国教科文组织在《人工智能伦理问题建议书》中就有公平和非歧视的原则,提出:"人工智能行为者应尽一切合理努力,在人工智能系统的整个生命周期内尽量减少和避免强化或固化带有歧视性或偏见的应用程序和结果,确保人工智能系统的公平。对于带有歧视性和偏见的算法决定,应提供有效的补救办法。"一般而言,人工智能的偏见与歧视,主要体现在性别、种族、年龄、消费等方面。

性别偏见与歧视是人类世界长久存在的社会问题之一,它在人工智能的发展中有了新的延伸。例如,最初机器人的设计多是以女性角色为主,大多语音助手的声音也都是女声,网络中出现的虚拟人物也很少有男性。在设计师群体中,男性比例过高,设计者根据自身喜好与刚性需求设计产品,从而导致这些现象。这类人工智能设计带有明显的女性特征,体现的主要是设计者的偏见,本质上是人类社会偏见的延伸。在社会数字化过程中,人类的偏见不可避免地也会被带入技术设计之中,尤其是一些"隐性偏见",即"相对无意识和相对自动的偏见判断和社会行为特征"〔2〕。这类偏见人们往往并不能主动认识到,随着认识的提高,许多偏见也会逐渐消失。但需要注意的是,一些偏见会逐渐转变为歧视,例如性机器人大多数也呈现为女性特征,但这种偏见如果不加以控制,会在普及使用之后容易造成对女性的"物化","将工具视作主体"会反过来导致将"主体视作工具"〔3〕。这无疑会加重人类社会中的性别歧视问题。

---

〔1〕[美]迈克尔·桑德尔:《反对完美:科技与人性的正义之战》,黄慧慧译,中信出版社 2013 年版,第84 页。

〔2〕Michael Brownstein, Attributionism and Moral Responsibility for Implicit Bias, Review of Philosophy and Psychology, Vol. 7: 765, pp. 765 - 786(2016).

〔3〕Amy E. White, Book Reviews: Rae Langton, Sexual Solipsism: Philosophical Essays on Pornography and Objectification, The Journal of Value Inquiry, Vol. 44: 413, pp. 413 - 423 (2010).

由人工智能引发的性别歧视现象在就业层面也有所体现。现实世界中的招聘存在许多性别偏见与歧视问题，利用智能算法进行简历筛选，看似技术比人类更中立，然而却可能将歧视内置于算法，反而使追责变得更加困难。女性面临就业歧视的一大原因是生育对工作的影响，而随着人们的数字画像越来越丰富，招聘公司可以根据应聘者丰富的数据推算出其生育意愿，在算法中设置阈值进行筛选，会使就业歧视变得更加隐蔽。在传统招聘中，歧视行为具有明显的责任主体，而利用算法筛选简历则将歧视行为转移到技术中，算法成为掩盖歧视的幕布。在相应的审查机制还不完善的背景下，女性就业歧视问题变得隐蔽且难以追责。人工智能在虚拟世界所塑造的"客观中立"掩饰了"女性性别歧视"，体现出更强的渗透力和欺骗性，隐蔽性更好，追责更难，危害也更深。[1]

人工智能引发的种族歧视主要体现在对有色人种的歧视。一项研究表明："当使用各种人脸识别算法来识别性别时，算法将肤色较深的女性误分类为男性的比例为34.7%；而对肤色较浅的女性的分类最大错误率只有0.8%。"[2]谷歌的算法也曾将黑人照片识别为大猩猩。针对黑人的歧视长久以来都是一个尖锐的问题。在人工智能设计过程中，欧美人员比例高，人工智能算法所表现出的种族歧视现象更多地也是人类自身的歧视问题，有一些甚至是主动歧视。因为算法本身的不透明性以及训练数据自身的偏见，即使算法研究者没有进行主观歧视，也可能产生歧视现象。并且，因人工智能陷入了概率关联的困境：不问因果只关心相关性，只做归纳不做演绎。[3]一些数据上的偏见经过归纳分析，极易转变为算法歧视。虽然算法只是在呈现"事实"，但具有社会背景的人类，尤其是种族歧视问题严重的国家在解读这些事实时，就会将它们视为歧视。

同就业中的性别歧视相同，算法也很容易通过筛选和评估造成年龄歧视问题。此外，年龄偏见与歧视问题主要体现在对老年人群体的忽视。由于人工智能在应用面向选择之初会做出相关群体不同行为方式的辨别和论断，其主要方法便是将

〔1〕汪怀君：《人工智能消费场景中的女性性别歧视》，《自然辩证法通讯》2020年第5期，第46页。
〔2〕Joy Buolamwini, & Timnit Gebru, Gender shades: intersectional accuracy disparities in commercial gender classification, Proceedings of machine learning research, Vol. 81: 1, pp. 1-15(2018).
〔3〕汪怀君、汝绪华：《人工智能算法歧视及其治理》，《科学技术哲学研究》2020年第2期，第104页。

个体归入相应的群体类属,这一过程不仅不会避免群体歧视,甚至可能还会加剧歧视。[1]其中,老年人群体最容易受到边缘化。娱乐、理财、社交等活动已经与人工智能深入绑定,无法适应智能产品就无法进行这些活动。老年人的社会参与被智能技术所阻碍,"老人机"的流行更是反映了主动将老年人与智能社会分割的现象。由于这些阻碍,老年人群体在主观和客观两方面面临被智能社会抛弃的挑战,这些现象已经不仅仅只是年龄偏见,其对老年人群体的负面影响已经构成一种年龄歧视。

消费领域除了存在性别方面的歧视,例如将女性用品与一些社会价值进行绑定,更多的则是价格歧视。其中广受关注的问题即是消费中的"杀熟"现象,消费平台利用自己掌握的大数据,对消费者的消费习惯、消费水平等进行分类,例如,同样的路程,打车平台会为高端手机用户制定更高的价格。乔榛等人将价格歧视的形成机制总结为三点:它是在供需双方互动基础上形成的;它可以打破商品属性上的界限而得以普遍化;它的形成需要借助一定的隐蔽性。[2]由于这些消费平台已经占据大部分市场,即使人们察觉到了价格歧视,也很难拒绝使用这些平台。利用算法进行价格制定已经脱离了传统的价格制定规则,由此产生的价格歧视现象实质上违反了消费者的公平正义。消费者在数字时代基本上处于最劣势的地位,价格歧视的隐蔽性,反馈机制的缺乏,投诉途径的不完善等都使保障消费者权益变得越来越困难。

不管在哪一个领域,人工智能的偏见与歧视最大的特点在于隐蔽性。在开发阶段,由于人类偏见的普遍存在,设计者往往无法设计出完全客观的技术产品,并且在利用数据进行算法训练时,保证数据的完全客观几乎是不可能的。在使用阶段,由于技术给大众的主要印象往往是中立的,因此面对算法结果,遭受偏见与歧视的人很难意识到偏见与歧视行为的发生,即使怀疑自己遭到了歧视,也很难有途径可以证明。最后则是责任的隐蔽性,不管是主观的还是无意的,当歧视现象发生后,开发者可以辩称,他们的算法是中立的,只是容易被置于有偏见的数据和社会不当使用的错误环境中,而使用者则可以称,算法很难识别,更不用说理解了,因此

---

〔1〕徐继华、冯启娜、陈贞汝:《智慧政府:大数据治国时代的来临》,中信出版社 2014 年版,第 3 页。
〔2〕乔榛、刘瑞峰:《大数据算法的价格歧视问题》,《社会科学研究》2020 年第 5 期。

排除了使用者在使用中的道德含义的任何罪责。[1]由于算法自身的一些特征,生产者、使用者都可以把责任推给技术本身,这是解决算法歧视的一大困难,当下的技术显然并不能作为承担责任的主体,如何分配算法歧视中的责任是伦理治理的一项挑战。

设计者无意识的偏见、数据自带的偏见属性、算法学习过程的不透明性、技术对人类主观偏见的掩盖等都是隐蔽性产生的原因。更何况许多偏见与歧视有着深深的社会文化与价值观背景,历史与现实表明,与它们的斗争是一项长久的人类社会活动。长远来看,通用人工智能一旦出现,如果它们仍受人类控制或者可以与人类处于平等的地位,相应歧视问题的解决也许反而会变得清晰,因为智能机器也将可以承担责任。如果人类处于弱势地位,所谓的偏见与歧视将失去其平等基础,正如我们不会将人类对动物的区别对待称为歧视,偏见与歧视将转变为更加严重的压迫与奴役。

3.3　失业与资源分配问题

人们普遍认为,人工智能尤其是智能工业机器人的热潮将使许多传统行业和职业消失,从而带来大面积的失业问题。有争议的是,人工智能带来的失业是相对失业还是绝对失业?[2]

一部分学者基于经济学的论证认为是相对失业。达伦·阿西莫格鲁(Daron Acemoglu)等人通过经济学模型分析得出,由于劳动力供给是弹性的,自动化倾向于减少就业,而新任务的创造会增加就业。[3]也就是说,人工智能带来的自动化会在短期内造成失业影响,但长期来看,也会创造一些新的就业岗位。持绝对失业潮观点的学者认为,即便新技术的运用又产生了新的职业和行业,依然可以由人工智能来承担。例如,江晓原认为,大多数岗位将被人工智能取代这一说法,已经从

---

〔1〕 Kirsten Martin, Ethical Implications and Accountability of Algorithms, Journal of Business Ethics, Vol. 160：835, p. 850(2019).

〔2〕 韩东屏:《绸缪 AI 时代的失业潮——哲学之维的观照》,《江汉论坛》2021年第1期。

〔3〕 Daron Acemoglu & Pascual Restrepo, The race between man and machine：Implications of technology for growth, factor shares, and employment, American Economic Review, Vol. 108：1488, pp. 1488 – 1542(2018).

逻辑上排除了大批失业者找到新工作岗位的任何可能性。[1] 韩东屏认为 AI 技术革命与以往的工业革命不同,人工智能最终是要创造出像人一样工作甚至比人还厉害的生产者或劳动力,将带来绝对失业潮。[2] 与此类观点类似,许多学者认为人工智能会减少人类的工作机会,甚至未来对人类而言,工作可能会完全消失。与一般技术的进步不同,未来人工智能的成熟应用带来的将是颠覆性的影响,需要引起特别的重视。

不管是绝对失业还是相对失业,人工智能对许多岗位的替代必将带来劳动力市场的岗位结构变化。即使人工智能未来会创造更多的劳动岗位,智能化发展也要求越来越多的劳动者具备较高的知识和技能。如果没有有效的途径可以帮助被智能机器替代的劳动者去学习新的知识和技能,大量劳动者将面临失去收入来源的风险。在岗位结构调整时期,短期来看,单纯体力劳动岗位或简单脑力劳动岗位的失业问题也将是严峻的,并不能因为人工智能的长远收益而忽视其短期的负面影响。劳动力市场的变化将带来社会资源的重新分配,事关整个社会的公平正义。

人工智能可能带来的失业潮,需要国家为此支付越来越多的失业保险金来保障失业人群的生存问题。与此同时,劳动者人数的减少,意味着用人单位不再需要为他们缴纳社会保险,社会保障基金的来源渠道也会受到威胁。[3] 并且对一些没有被人工智能替代的劳动者而言,以机器为主导的人机协作模式,使他们没有太多的资格同公司谈判薪酬以及养老、医疗、奖金等社保待遇,社会保障的待遇谈判面临虚化的挑战。[4] 以中国为例,中国的社会保障制度是以传统行业和就业分类为基础的,如今,各类无人工作环境和各种线上工作的出现,反映出人工智能可能会带来传统行业和就业模式的革命性变化。社会保障制度在资金筹集、支付标准等方面都将面临很大挑战,如不及时加以调整,可能将反向抑制科技创新和人工智能的发展。[5]

---

[1] 江晓原:《人工智能:威胁人类文明的科技之火》,《探索与争鸣》2017年第10期。
[2] 韩东屏:《绸缪 AI 时代的失业潮——哲学之维的观照》,《江汉论坛》2021年第1期。
[3] 张素凤:《人工智能时代和谐劳动关系构建面临的挑战及应对》,《现代经济探讨》2021年第10期。
[4] 高和荣:《人工智能时代的社会保障:新挑战与新路径》,《社会保障评论》2021年第3期。
[5] 贺丹:《人工智能对劳动就业的影响》,《上海交通大学学报(哲学社会科学版)》2020年第4期,第25页。

安东·科里内克（Anton Korinek）等人提出了技术进步影响资源分配的两个主要渠道，有可能导致社会的不平等：第一，创新者赚取的盈余，第二，对经济中其他主体的影响。[1]人们创造并提供海量数据供算法训练使用，可以说，人工智能技术的创新是由技术人员与普通用户共同促进的，但技术创新所创造的社会财富却主要由技术拥有方占有，生产数据的普通大众收获的只是产品的免费使用，他们甚至还要为高级的功能再次付费。同时，技术发展也可能会导致从业者工资的减少，或是造成某类产品的物价变动，或者由于环境问题影响财政支出等等，这些影响也会使资源分配发生变化。人工智能的进步无疑带来了社会整体财富的增加，但这并不意味着绝对会带来人们生活幸福的增加，如何分配资源才是核心问题。

　　工业大机器的出现导致社会财富的巨大增长，但大多数财富都向资本家聚集，由于机器对体力劳动者的替代，工人阶级反而越来越贫困。人工智能不仅进一步替代了体力劳动，也使许多脑力劳动如新闻工作者、财务人员、教师、医生等存在被替换的可能。在就业的广度与深度上，人工智能的影响都远远超过工业机器。已经有许多学者研究了智能自动化对财富分配的影响，例如，斯蒂芬·德卡尼奥（Stephen DeCanio）通过函数分析，发现如果劳动力和机器人资本替代弹性较大，随着人工智能的发展，收入不平等将加剧。[2]人工智能由于已经遍布社会的各个角落，掌握这些技术的商业巨头也就意味着掌握了大数据与算法的权力，这种权力可以影响社会秩序的运行，在资本逻辑下这些权力带来的是更多的财富聚集，由此导致社会贫富差距进一步拉大。

　　人工智能对贫富差距的影响体现在劳动者、企业和地区等方面。劳动力市场正在形成岗位极化现象，在基于技能、任务划分的劳动分工中，中等技能需求的岗位减少或被替代，高技能需求和低技能需求岗位数量增加，岗位分布呈现中部压缩、两极增长的状态。[3]原本处于中等技能需求岗位的人群因技能学习的困难与

〔1〕Anton Korinek & Joseph Stiglitz, Artificial Intelligence and Its Implications for Income Distribution and Unemployment, In Ajay Agrawal, Joshua Gans, Avi Goldfarb, editors, The Economics of Artificial Intelligence: An Agenda, University of Chicago Press, 2019, p. 365.

〔2〕Stephen J. DeCanio, Robots and Humans-complements or Substitutes?, Journal of Macroeconomics, Vol. 49: 280, pp. 280 - 291(2016).

〔3〕邱子童、吴清军、杨伟国：《人工智能背景下劳动者技能需求的转型：从去技能化到再技能化》，《电子政务》2019 年第 6 期，第 25 页。

高成本,在人工智能介入之后,他们往往大多只能转向低技能需求岗位。社会整体的发展使生活成本逐渐上升,被人工智能淘汰的人群失去了劳动权利也就失去了收入来源,从而出现生活的贫困化。传统的劳动者在创造价值的同时也可以消化价值,劳动产品自然只能由人消耗,智能机器人只生产不消费,然而被顶替的劳动者因为贫穷无法承担以往的消费水平,就会导致产品积压和过剩。生产与消费的失衡将影响整个市场结构,甚至可能会危及整个社会的稳定与安全。

对企业而言,技术先进的企业利用人工智能可以提高劳动生产率并获得超额利润,在收入分配中处于优势地位,人工智能在不同企业间的应用差异将使企业的营收增长呈现出差距。[1] 并且,因为数字鸿沟现象的存在,科技巨头企业容易垄断科技市场。新技术会产生群体性约制是不言而喻的,通常社会经济地位高的人比社会经济地位低的人更容易获得信息和技术,而且随着技术的不断发展,两者之间的差距将会越来越大,形成一种鸿沟。[2] 技术公司与技术人才在不同地区的分布有很大差异,发达地区会提前享受到人工智能带来的福利,并且面对人工智能的负面影响也有更好的稳定性。索尔·伯杰(Thor Berger)等人研究发现,在就业保护更严格的国家,技术的采用会大大降低。[3] 这反映出不同地区面对技术负面冲击时的承受能力不同,也许人工智能对发达地区的就业影响没那么大,但却会引发欠发达地区的失业潮,进一步拉大不同地区、不同人群的贫富差距。

长远来看,有不少学者认为人工智能对人类工作的取代有助于人类自身的解放,在"大同世界",人们工作的目的不再是为了维持生计,而是为了实现自身价值。这样的图景是人类社会发展的目标,但不管能否实现,迈向这一图景终究需要一个发展的过程。在发展过程中,不同国家、地区、企业、人群都必然会遭遇技术的负面效应,一些群体无疑会遭受伤害,如何尽可能减少这些伤害? 如何保证财富分配在可控的范围内波动? 如何防止发生过度的贫富差距? 这些问题都是发展过程中的

〔1〕江永红、张本秀:《人工智能影响收入分配的机制与对策研究》,《人文杂志》2021 年第 7 期,第 60 页。
〔2〕Yorick Wilks, Will There be Superintelligence and Would It Hate Us?, AI Magazine, Vol. 38:65, pp. 65 - 70(2017).
〔3〕Thor Berger & Carl Frey, Structural Transformation in the OECD: Digitalization, Deindustrialization and the Future of Work, OECD Social, Employment and Migration Working Papers, 2016, No. 193, pp. 1 - 52.

巨大挑战。况且,未来可能出现的通用人工智能也将具有参与社会资源分配的资格,届时大多数社会财富都由智能机器创造,在资源分配中人类能够占据的分量是未知的。社会财富分配的公平正义对维护社会和谐至关重要,努力避免因技术带来的贫富差距,人类才能借助人工智能的优势向自身解放的方向再次前进。

4. 道德责任问题

4.1 人工智能导致的责任困境

人们对人工智能伦理的研究已有将近二十年,其中,责任问题一直是一个非常关键的话题,人工智能导致的责任困境主要有,人工智能是否可以承担道德责任,以及人工智能的道德责任应该如何分配。

人工智能尤其是智能机器人是否应该拥有权利? 它们(或者是"他们")可以拥有哪些权利? 这是人工智能伦理争议较大的问题。如果机器人的权利得到认可,就可以推出人工智能作为责任主体的合理性。认为人工智能不能拥有权利的学者通常着眼于人工智能与人的区别,强调人工智能的局限性。随着机器智能的逐步提升,学者们倾向于对机器人的权利问题持肯定的态度。从动物权利的合理性、人文社会科学研究的超越性与前瞻性、人类良好道德修养的必然要求以及机器人成为道德主体的可能性与特殊性等角度来看,机器人具有一定的权利有其可能性与合理性。[1] 在法学界,欧盟议会于 2017 年 2 月明确提出了机器人"电子人格"的概念,指出如果机器人自主做出决定,或者独立地与第三方互动,可以赋予其电子人格。[2] 如果认可机器人的权利,进一步的问题则是是否应该限制机器人对自身权利的要求? 以及怎样进行限制? 虽然已有学者提出了相应的规范措施,但仍需明确机器人权利的边界及其法律保留,加强法律与机器人伦理规范的衔接。

机器人是否可以成为道德行为体? 不仅关系到如何对机器人进行伦理设计的问题,也关系到人工智能承担道德责任的问题。从责任伦理的角度出发,机器人成为道德行为体,也就意味着机器人需要承担相应的责任。帕特里·休(Patrick

---

〔1〕杜严勇:《论机器人权利》,《哲学动态》2015 年第 8 期。

〔2〕European Parliament, Civil Law Rules in Robotics, http://www. europarl. europa. eu/sides/getDoc. do? pubref = -//EP//NONSGML + TA + P8-TA-2017-0051 + 0 + DOC + PDF + V0//EN.

Hew)认为,目前人们对机器人伦理的研究,基本上都是把人类的道德原则强加给机器人,使其成为执行人类道德的工具,机器本身并非自愿的,这样的人工行为体不是道德行为体,不需要承担责任,而人类需要承担所有责任。[1] 反对人工道德行为体的一个主要原因,就是对责任问题的忧虑。卢西亚诺·弗洛里迪(Luciano Floridi)等人则认为,道德行为体并不一定要有自由意志、精神状态或责任,他们对行为体的评价标准是其是否具有交互性(interactivity)、自主性(autonomy)和适应性(adaptability)。[2] 根据他们的观点,机器人完全可以纳入道德行为体的范围之内。学界关于机器人是否可以成为道德行为体的讨论仍在持续进行,不管怎样,我们需要做的是基于这些思考,解决人工智能应用中的具体责任问题。

根据当前的人工智能产业现状,人们一般认为它们暂时不能成为责任主体,那么谁应当承担道德责任? 无人驾驶技术可以很好地反映出人工智能道德责任的分配困境。关于无人驾驶技术的责任问题,法学界有大量的讨论,与自动驾驶汽车相关的车祸已经发生,而相应的责任认定机制各国都还没有完善。一些学者如帕特里克·哈伯德(Patrick Hubbard)认为,现有的法律系统对无人驾驶汽车完全适用,美国国家公路交通安全管理局将无人驾驶汽车按自动程度从低到高分为五个档次,对于 0 至 3 档的汽车,人类司机在所有时间内都起着重要作用,哈伯德认为这不会改变关于销售商和经销商的侵权行为理论的基本结构。而随着自动程度的提高,对于 4 档和 5 档的无人驾驶汽车,现有法律均需进行调整。

法学方面的进展说明目前机器人尚不能成为现实的责任主体,无人驾驶技术所涉及的责任人员范围有限,可以根据某些具体的法律条文进行比较清晰的界定,而人工智能的道德责任则主要是从理论探讨的层面进行的,虽然这具有一定的普遍意义,但面对具体的道德责任分配时,技术的不确定性、用户对产品的认识差异、产品设计中的分工细化现象等因素都会带来道德责任分配的困难。例如,当无人驾驶汽车遇到经典的"电车难题",依然没有统一认可的道德责任划分理论可以解决责任分配问题。这提醒我们,在探讨一般性的道德责任的基础上,还需要结合具

〔1〕Patrick Hew, Artificial Moral Agents Are Infeasible with Foreseeable Technologies, Ethics and Information Technology, Vol. 16: 197, pp. 197-206(2014).

〔2〕Luciano Floridi & J. W. Saners, On the Morality of Artificial Agents, Minds and Machine, Vol. 14: 329, pp. 349-379(2004).

体的人工智能应用领域进行深入细致的案例研究,从而使研究成果更具有现实意义与可操作性。

各国法律特别是发达国家与地区已经开始对无人驾驶汽车的法律责任承担进行细化,从中反映出人工智能仍不会成为法律责任主体的现状。道德责任的研究则依然在责任概念、人工道德行为体、责任划分等方面存在分歧。除了理论层面的分析,从人工智能伦理设计的角度思考责任困境也许更具有现实意义。

4.2 科技工作者的道德责任问题

随着现代技术这样一种人类能力的发展,人类的行为特征已经发生了改变,而伦理学与行为相关,那么人类行为特征的改变要求伦理学也需要某种改变。[1] 从人们目前对手机、电脑等智能产品的依赖,可以合理地认为,未来人工智能产品对人类社会的调节作用会变得更大。按照汉斯·约纳斯(Hans Jonas)的观点,科技工作者的行为对世界产生了影响,并且他们的行为在他们的控制之下,他们也能够在一定程度上预见行为的后果。因此,从事人工智能的研发人员、制造商应该是责任承担的主体。约纳斯责任伦理的创新之处在于他关注到了前瞻性伦理,认识到现代技术的强大要求人们对未来负责,这就需要考虑一种长远责任的新伦理学。因此,强调从事人工智能科技工作者的前瞻性道德责任具有重要意义。

前瞻性道德责任要求科技工作者具有一定的道德想象力。杨慧民等人认为:"道德想象力能有效地扩展和深化人们的道德感知,使其超越直接面对的当下情境,并通过对行为后果的综合考虑和前瞻性预见为人们提供对长远的、未充分显现的影响的清晰洞察。而这正是后现代人类行为可能结果的不确定性(即责任的缺位)向人类提出的新要求。"[2]然而,在人工智能的发展过程中,往往在一些时期,道德和法律滞后于技术。而且在教育阶段,对理工科学生的科技伦理教育依然不够充足。这就导致科技工作者往往由工具理性主导。如今人工智能的数据挖掘已经呈现分布式特点,技术的分工进一步削弱了每一个技术环节科技工作者的责任

---

〔1〕Jonas Hans, The Imperative of responsibility: In Search of an Ethics for the Technological Age, The University of Chicago Press, 1984, p. 1.
〔2〕杨慧民、王前:《道德想象力:含义、价值与培育途径》,《哲学研究》2014 年第 5 期,第 106 页。

感。人工智能内部的黑箱也开始让科技工作者不再能够非常清晰地预见技术活动的后果。当下的资本环境、工作环境以及技术的不确定性都使道德想象力的培养变得更加困难。

利用道德想象力对技术进行预见的功能毕竟有限,许多学者提倡对新技术进行建构性技术评估。建构性技术评估的目的是想要在新技术广泛应用之前,综合各方的观点和利益,影响技术的设计过程,使技术产品能够更好地满足人们的需求,并减少负面影响。这就需要企业、政府、大学与研究机构和各类社会团体对技术提前进行应用预演,并反馈到技术设计中。建构性技术不能偏袒和认同特定行动者的目标与利益,因此需要确定理性发展的元层次标准,即我们更期待发生什么情况。在传统的技术评估中,技术工程往往被看作是一个静态的实体,几乎不会有各类行动者之间的动态交流评估,最后只有产生社会问题之后才会反思技术本身。建构性技术评估虽然也存在一些问题,如,维贝克认为,它主要关注人类行动者,对非人实体的调节作用关注不够;它也没能打开技术“使用语境”的黑箱。[1] 尽管如此,建构性技术评估为评估人工智能提供了一个有用的理论工具,相比于传统的技术评估,它可以降低技术应用的负面效果,帮助提升科技工作者建立前瞻性道德责任感。

行为科学的研究也可以帮助科技工作者实践前瞻性道德责任。如果说建构性技术评估关注的是“设计语境”,那么行为科学研究更多的是对“使用语境”进行探索。行为科学是指用科学的研究方法,探索在自然和社会环境中人(和物)的行为的科学。研究表明,人与机器人之间的互动确实与其他技术或人工物有着明显不同。未来,人工智能的进一步发展,不仅需要我们研究人与智能机器人互动中人的行为,也要考虑机器人的行为。针对人与机器人的互动研究已有很多,但对人与其他人工智能产品的互动行为研究依然比较缺乏。在与人工智能产品的互动中,考察用户所表现出的行为特征,可以帮助科技工作者优化技术应用,从而更好地实践前瞻性道德责任。

在人工智能产品的应用过程中,科技工作者无疑应当承担一定的道德责任,除

---

[1] Verbeek Peter-Paul, *Moralizing Technology*, The University of Chicago Press, 2011, p. 103.

了责任划分的困难,科技工作者也缺乏一定的前瞻性道德责任。前瞻性道德责任要求设计者对人工智能研究的动机、目的以及可能产生的社会影响有比较清晰和全面的认识。通过怎样的途径培养以及实践前瞻性道德责任,是当下人工智能责任问题的一个重要话题。

4.3 伦理治理中的责任模糊问题

从一般的意义上讲,对科学技术的伦理治理应该包括"应用伦理道德去治理"和"对科技引发的伦理问题进行治理"两个层面。要解决科技伦理问题,其中一个重要途径就是提高科技人员的道德素养与水平,要强调道德想象力与美德伦理对科技人员的重要性,前文所述的前瞻性道德责任即是"应用伦理道德去治理"。在人工智能的伦理治理方面,总体来看,大多数伦理治理聚焦于"对人工智能引发的伦理问题进行治理"。在人工智能的伦理治理中,责任问题是一个主要问题,现有的研究在责任原则与具体的伦理治理机制上依然存在模糊性。

人工智能的伦理准则主要指当前在人工智能技术开发和应用中,依照理想中的人伦关系、社会秩序所确立的,相关主体应予以遵循的标准或原则。[1] 各国对人工智能的伦理问题都比较重视,各自都出台了相应的伦理准则。在联合国教科文组织发布的《人工智能伦理问题建议书》中,"责任和问责"作为一项重要原则被单独列出,其中提到"以任何方式基于人工智能系统作出的决定和行动,其伦理责任和义务最终都应由人工智能行为者根据其在人工智能系统生命周期中的作用来承担"。在信息保护、人工智能规制等领域,欧盟一直走在世界的前列,在欧盟《可信赖的人工智能伦理指南》中,要求组织应建立内部或外部管理框架以确保问责制。如任命专人或内外部伦理委员会负责人工智能相关伦理问题,由负责人或委员会对此类问题进行监督并提出建议。责任原则毫无疑问已经成为人工智能治理中的重要原则,但分析已经提出的各类责任原则,不管是要求承担责任,还是要求组织建立问责制,它们的主要作用大多是强调责任的重要性,作为一般性原则,这些原则发挥了重要作用,使问责成为人工智能治理中的重要一环。但由于人工智

---

[1] 陈磊、王柏村、黄思翰等:《人工智能伦理准则与治理体系:发展现状和战略建议》,《科技管理研究》
   2021 年第 6 期,第 194 页.

能在不同领域的应用特点往往相差很大,在如何具体实行问责制方面,现有的伦理指导仍然缺乏可操作性。

人们对人工智能伦理问题可能带来的危害已经有了比较多的认识,但在人工智能的设计以及应用中,相关人员的责任意识仍比较缺乏。以中国为例,有研究表明,只有不到四分之一的科技工作者表示总是会"在项目方案设计和研发过程中,考虑研究所涉及的科研伦理问题",约有四分之一至二分之一的科研人员不会考虑潜在风险而继续推进科研活动。[1] 这体现了前瞻性道德责任意识的缺乏。关于前瞻性道德责任,还存在一种隐形的责任模糊问题,即前瞻性道德责任到底包含哪些责任。有学者提出,现有的归责原则着眼于人工智能的使用者和运行的监管者,很少考虑设计者在设计过程中就应当有保护人们自主能力的伦理责任。[2] 保护人类自主性的责任是否应当划分给科技工作者呢?像这类责任很难在具体的伦理治理中得到清晰的认定,当前的伦理治理对前瞻性道德责任的具体内涵仍然没有较为统一的观点。

一些学者认为伦理原则并没有对人们的伦理选择有太多的影响,那么反观人工智能具体的伦理治理行动,作为一种新兴科技,相应的伦理治理机制也尚不够完善。相比较而言,医学领域的伦理治理更加完善,医学伦理委员会的伦理审查已经比较成熟。能否将这些伦理审查运用到人工智能的伦理治理过程?除此之外还有哪些伦理治理工具能够应对人工智能的伦理难题?这些都需要进一步研究。为了将各类伦理治理原则落实到行动上,伦理学家、科技工作者、学术团体、人工智能企业、政府管理部门等都仍有很长的路要走,以人工智能企业为例,他们最重要的应该是积极主动地承担社会责任,高度重视伦理问题,采取有效措施防范伦理风险,而不是片面追求经济利益。[3] 在当前的伦理治理机制下,很少有科技企业可以较好地培养这些伦理文化,也没有哪些可以广泛推广的成功案例。在责任原则过于宏观、具体的伦理治理机制仍不完善的情况下,所谓的责任承担仍然停留在空喊口号的层面,由此导致的责任模糊难以为具体的人工智能实践提供有效的解决方案。

---

〔1〕中国科协:《科技伦理的底线不容突破》,《科技日报》2019 年 7 月 26 日。
〔2〕王前:《人工智能应用中的五种隐性伦理责任》,《自然辩证法研究》2021 年第 7 期,第 41 页。
〔3〕吴红、杜严勇:《人工智能伦理治理:从原则到行动》,《自然辩证法研究》2021 年第 4 期,第 53 页。

5. 伦理规范失效问题

5.1 社会秩序颠覆问题

越来越多的人类活动被人工智能所取代,人类逐渐成为一种"无用阶级"。从现有影响来看,政治、经济、文化等领域的原有秩序因人工智能的介入逐渐有所改变。长远来看,人工智能的进一步发展将可能使现有的社会秩序完全颠覆。

在互联网、人工智能等技术造就的新媒体环境下,公众与政治之间的关系发生了巨大变化。以往各个政党可以通过控制传统媒体来控制公众舆论,然而自媒体的出现使每个个体都可以成为社交和舆论中心。与此同时,人工智能算法的介入带来了"信息茧房"现象,当下人们所接触的信息很可能是在算法的设计下按照主动、自选以及预定的方向推送到他们的视线内。[1]传统技术背景之下,人们获取的政治信息虽然不如现在的信息精准,但更加全面,由此可以对政治做出整体、理性的判断。如今的个性化推荐算法使公众的意识形态更加偏向极化而不是温和立场,个体的某种非理性很可能会被激化。[2]碎片化的政治新闻让各个政党原有的舆论控制方式失效,算法从而成为政治的有力工具。

人工智能带来的政治效果逐渐超越了其他政治手段,可以说,谁掌握了智能技术,谁就掌握了政治话语。然而,政治权力主体正在由人类转向技术自身。人工智能的技术权力具有合法性与工具性,同时也在不断体现出一种独立性,技术优劣越来越决定国家之间的竞争结果,技术的发展不再过度依赖国家,而国家对技术的依赖却在逐渐增强,技术正在脱离传统权力即政治权力的控制,成为独立的权力主体。[3]可想而知,当人工智能具有自主意识之后,人类的政治秩序将由人类主导变为技术主导。未来人类对历史的考察会极大地依赖人们留存在数字世界的各类数字信息,而人工智能可以随意篡改网民的历史数字痕迹,从而左右人类的历史记忆。具有自主意识的人工智能可以轻松掌控社会的政治舆论与政治走向,并且因

---

[1] Dhavan V. Shah & Douglas M. Mcleod & Hernando Rojas, et al., Revising the communication mediation model for a new political communication ecology, Human communication research, Vol. 43:491, pp. 491 - 504(2017).

[2] 高奇琦:《算法政治转向与治理功能弱化:新科技革命下西方政党政治发展趋势研判》,《行政论坛》2022 年第 1 期,第 151 页。

[3] 邓曦泽:《主体技术政治学论纲:一种新型权力的诞生》,《江海学刊》2021 年第 5 期,第 26 页。

为人们对智能技术的依赖,社会整体的智能化使人们不再有能力依靠自身进行社会管理,从而不得不将政治功能交给技术专家或者智能程序本身。尤尔根·哈贝马斯(Jürgen Habermas)所言的情况将会成真,科学技术成为一种意识形态,最终导致政治的退却和技术的主导。[1]

自机器产生,对劳动剥削的讨论持续至今。数据已经成为生产要素,资本一方面不断地推动技术变革与创新,进而加强对劳动过程和劳动力市场中劳动的控制,另一方面,资本又贪婪地占有技术创新带来的文明成果及劳动创造出的剩余价值。[2] 在社会的智能化过程中,人工智能在资本的操纵之下,以一种数据逻辑影响着社会经济,只有数据化的存在才能为资本服务,任何不能被数字化的事物将失去自身价值。那些掌握人工智能的少数精英或者利益集团,他们操控生产与销售,把控互联网、大众媒体的话语权,最大化地追求资本收益率的分配逻辑,已经严重影响到全球经济正义的实现,导致全球财富分配的不公平进一步加剧。[3]

经济正义面临的挑战首先就是人工智能对数字劳动的剥削。数字技术看似可以使劳动者居家办公,实则使家庭也成为资本剥削网络的一环,实时在线的数字空间使劳动者无法摆脱资本的监控,工作与生活开始高度融合。这样一种赛博空间不过是资本主义政治经济空间的延伸,阶级意识不仅无法在其中躲过监控,更容易被匿名的意识形态产品和社会心理引导所消解。[4] 而人工智能可能带来的最严重的挑战,则是人类劳动的直接消失。尤瓦尔·赫拉利(Yuval Harari)指出,大数据算法"可能创造出历史上最不平等的社会,让所有的财富和权力集中在一小群精英手中。大多数人类的痛苦将不再是受到剥削,而是更糟的局面:再也无足轻重"[5]。不管未来人工智能是否会发展为通用人工智能,在资本逻辑的控制下,人工智能带来的劳动成本的降低使它们必然会排挤人类工作者。倘若通用人工智能

〔1〕[德]尤尔根·哈贝马斯:《作为"意识形态"的技术与科学》,李黎、郭官义译,学林出版社1999年版,第69页。
〔2〕王卫华、杨俊:《人工智能的资本权力批判与全球经济正义的追问》,《广西社会科学》2021年第10期,第89页。
〔3〕王卫华、杨俊:《人工智能的资本权力批判与全球经济正义的追问》,《广西社会科学》2021年第10期,第88页。
〔4〕包大为:《数字技术与人工智能的资本主义应用》,《自然辩证法研究》2020年第7期,第49页。
〔5〕尤瓦尔·赫拉利:《今日简史:人类命运大议题》,林俊宏译,中信出版社2018年版,第67页。

摆脱了人类的控制,人类的劳动价值将完全异化成为服务于机器的劳动。不管是哪一种场景,人类劳动价值的丧失,带来的将是经济的巨大失衡,人类尤其是普通劳动者将不得不寻求新的经济来源以及自身价值。

人工智能除了对政治和经济领域的影响,也已经深深融入了社会文化领域。新闻、诗歌、小说、绘画、影视剧、游戏等文化产业几乎都出现了人工智能主体,这势必会影响文化产业的就业以及文化创作者的积极性与创造性。社会的智能化使文化生产的权力不断下移,受资本逻辑的影响,"粉丝至上"成为文娱产品的一种价值倾向,各类自媒体利用智能软件大量产出一些价值观、审美观有问题的作品,无视文化产品对人们精神文明的提升作用,它们的蔓延泛滥势必会造成文化产品意识形态功能陷入混乱的风险。[1] 同时,"个性化推荐"算法的存在易使人们长期沉浸在这些特定的低俗文化之中,造成审美固化。社会大众在认知和情感上与崇高的精神生活之间不再保有必要的、批判性的审美距离,无法从不同审美风格的比较鉴别中获得对"美"的科学认知与情感体验。[2] 此外,由于人工智能的文化创作需要建立在大量数据的基础上,其在文化产业的应用也带来了知识产权问题。

当前人工智能的文化创作还只是对人类精神文化活动的一种技术模仿,然而其文化产品带来的社会效果已经与人类创作的文化产品几乎没什么区别。人工智能以最现代的技术,按照最传统的认知标准取得了存在的位置,不管这个位置是否被传统认知所承认,由此引发的对于传统艺术的超越却是无法回避的现实。[3] 未来具有自我意识的人工智能一旦出现,人类社会的文化秩序必然也会受到冲击。随着智能化的不断深入,不仅出现了虚拟文化世界、虚拟文化生活,实体文化也呈现"虚拟化"趋势。[4] 人工智能的文化历史容量、创作速度、创作数量都远远超过人类,并且因为对人工智能的依赖,人们的思维方式和行为方式都在适应智能机器,人类的文化认知能力在逐渐衰弱。未来人类社会的文化产品如果由人工智能主导,人类社会的价值观、审美体系都将被改变。

---

[1] 李晨平:《人工智能深度介入文化产业的问题及风险防范》,《深圳大学学报(人文社会科学版)》2019年第5期,第64页。

[2] 赵雪、韩升:《数字时代大众文化的审美隐忧与解决路径》,《理论探索》2021年第6期,第27页。

[3] 周臻:《人工智能艺术的审美挑战与反思》,《山东社会科学》2019年第10期,第182页。

[4] [英]迈克·费瑟斯通:《消费文化与后现代主义》,刘精明译,译林出版社2000年版,第18—19页。

人类社会的政治、经济和文化秩序在人工智能普及之后都在逐渐有所改变,由此带来了社会公平、隐私、人机关系、道德责任、道德规范等问题。当前这些问题尚处于人类的控制之下,但风险意识的核心不在当下而在未来。如果说当下的影响还是循序渐进的,那么未来通用人工智能的出现势必将带来社会秩序的直接颠覆。在人与智能机器共存的社会,人类应该处于何种位置?如何保持人类的主导地位?如何应对人类的灭亡风险?这些都将成为人类无法逃避的问题。

5.2 人工智能对人类道德原则的冲击

人工智能可能带来的最严重的伦理问题之一,就是对整个人类道德的冲击。人工智能是否会发展为通用人工智能?人工智能在什么时候会超越人类智能?詹姆斯·巴拉特(James Barrat)在一次通用人工智能大会上,对大约 200 名计算机科学家做了一个非正式调查,42%的人预期通用人工智能在 2030 年实现,25%选择 2050 年,20%选择 2100 年,2%选择永远无法实现。[1] 不管怎样,通用人工智能已经使人们产生了很大的担忧,人类社会对通用人工智能可能产生的伦理问题早做准备是非常有必要的。如果人工智能的技术"奇点"真的到来,人们对其可能的反应无外乎乐观与悲观两种态度。

对未来人工智能的乐观反应主要指未来人工智能仍处于人类的控制之下。尤瓦尔·赫拉利在《未来简史》中的描述就是一种乐观的未来图景,所有人都不再为物质财富担忧,大同世界将有望实现,人类甚至可以选择成为硅基生命得到永生。然而,即使是这样一种社会图景,人类的伦理道德也可能会被完全重构,人类将面临一场道德哲学革命。人与人工智能的融合所造就的"赛博人",改变了人的自然属性,人类由此所得到的永生也将打破"自然家庭"的形成基础,从根本上颠覆作为道德起点的人性基础。当人类的各个器官可以被智能配件取代时,不仅会让人联想到"忒修斯之船",如果人类的器官逐渐被智能配件替换,直到最后所有的"身体"都变成了机器,这还是"人类"么?在自然法的视角下,人类的动物性是人类人性的一个组成部分,人类因此产生饱腹、性等基本欲望,而"赛博人"的出现将会使人类

---

[1] 何怀宏:《奇点临近:福音还是噩耗——人工智能可能带来的最大挑战》,《探索与争鸣》2018 年第 11 期,第 51 页。

的生物属性彻底消失。人类不再具有自然的同一性，一部分群体选择成为"赛博人"，一部分群体仍然保留自然身体，人类之间的技术差异性取代了自然同一性。

我国学者樊浩借助于黑格尔的法哲学分析以及儒家道德哲学，论证了"自然家庭"的道德哲学基础地位。家庭，是伦理世界的出发点、基础和归宿；家庭中诞生的"男人和女人"，即自然人，是伦理世界的天然个体和能动元素；人的自然本性和世界的自然状态，是道德世界和道德世界观的基础。〔1〕赛博人在生理层面将跨越性别差异，男人与女人同一为赛博人，永生人、人造机器人等新的群体产生，传统的家庭组成形式被完全颠覆。当"自然人"与"自然家庭"都发生了彻底变革，也就意味着人类现有道德哲学的终结。未来的道德哲学不再仅针对人类这一个物种，人工智能和赛博人必然会成为道德主体之一，甚至他们在道德建构中将起主导作用。

自人类社会形成之后，新出生的人类自出生起就不得不置身于社会所赋予的关系之中，如果以一种乐观的态度把人的自然基础的变化看作是人类物质层面的进化，这会是人类进步的表现。但除了道德产生的自然基础，道德的成熟同时也需要人的社会共同性这一社会基础。人的社会共同性虽然是以人的自然共同性为基础，但又不同于人的自然共同性，它包含以下内容：相同的活动自觉性、相同的活动自由性、社会性作为认同与协作的过程和结果。〔2〕人类的活动是有意识有目的的自觉活动，由此构成人类社会的共同活动，并且人类可以创造性地认识自然、改造自然，体现人类的自由意志。现有的人工智能产品已经无形中影响着人类的自主性，人机融合之后人的自主性将变得更加难以保持。人工智能的强大使人类的能动性变得无用，人们只需表达目的，而不再需要做任何可以满足目的的行动，因为机器可以做得更好，一切交给机器即可。当人的能动性变得不必要，合作劳动、协作发展已经不需要其他人类个体的帮助，人类之间的认同与协作也就不再那么重要，人的社会性将不可避免地发生变异。

即使通用人工智能并不会出现，从现有的趋势来看，人工智能的发展可能会损害人类作为负责人的道德能动者在世界上行动的能力和意愿，并因此可能沦为道

---

〔1〕樊浩：《基因技术的道德哲学革命》，《中国社会科学》2006年第1期，第129页。
〔2〕易小明：《类同一性：道德产生的主体基础》，《伦理学研究》2005年第1期，第28页。

德受动者。[1] 人的能动性是人类道德结构的基础,起源于古希腊的美德伦理学传统本质上就是一种基于行为的善的理论。[2] 人们美好的生活正是在于培养与能动性相关的特质,例如勇气、友爱、节制等等。并且,人类的道德能动性决定了他人或者国家不得强行限制人们的自由,由此保证了人类的同一性,道德原则才得以建立。纵观人类的道德发展历史,道德的变革性发展一定程度上也是承认其他人类个体的道德能动性的发展,如奴隶、妇女逐渐被纳入道德结构之中。因此,可以合理地认为,道德能动性是人类传统上一直认可并且推广的品质,如果它受到削弱或彻底消失,人类文明的道德大厦将必然受到破坏。

从现有的人工智能发展趋势看,人类的能动性正在逐渐减弱。人工智能模仿的就是人类获取环境信息,依据信息设定目标或做出决策,进行向目标靠近的行动。不管是模仿所有行为还是其中某项行为,它们的发展都会制约人类能动性。失业问题是人工智能发展中的一个核心话题,工作除了是一种收入来源,也是一种人们发展个人意义并获得满足感的社会实践,工作的丢失就是封锁了一条人类能动性发展的道路。有些人认为,工作是一种痛苦,智能机器代替人类工作可以使人们在其他领域更好地发展自身的能动性。然而,其他领域也早已被人工智能渗透。大数据、人脸识别、监控、算法决策等都已经成为绝大多数人类活动不可缺少的技术背景。智能机器通过激励、奖励或欺骗,让人们按照它们的规划进行活动。可以想象,未来人类只需一动不动,不时点一下按钮执行人工智能的建议就行,所有能够体现人类能动性的活动都将被机器取代,人工智能由此形成对人类各方面能动性的广泛压制。在这种图景下,人类道德结构面临的威胁并不来自通用人工智能,即使人工智能完全受人类控制,人类能动性的削弱或消失也会使现有的道德原则面临重构的可能。

如果未来人工智能带来的是人类所悲观的社会图景,最严重的结果将是人类的毁灭,那么谈论道德也就毫无意义。假如通用人工智能选择和人类和平相处,人

[1] John Danaher, The rise of the robots and the crisis of moral patiency, AI & Society, Vol. 34:129, p. 129(2019).

[2] Luciano Floridi, Information ethics:On the philosophical foundation of computer ethics, Ethics Inf Technol, Vol. 1:37, pp. 37-56(1999).

类仍然可以进行原有的社会活动,我们也很难获得和人工智能平等的地位。届时的伦理道德将不是人的伦理道德,而是机器的伦理道德。甚至更为惊悚的,则是人工智能通过自我学习,获得了远超人类理解的智能,"随着它们获得宇宙间最不可预测、我们自己都无法达到的高级力量,它们会做出意想不到的行为,而且这些行为很可能无法与我们的生存兼容"〔1〕。即使它们不会主动做出毁灭人类的行为,人类自身的安危也随时会受到威胁。谈论道德将只是机器的工作,人类所能做的只是尽力生存下去。

---

〔1〕［美］詹姆斯·巴拉特:《我们最后的发明:人工智能与人类时代的终结》,闾佳译,电子工业出版社2016年版,第 XII 页。

第三章　人工智能的国际与相关国家规则现状

1. 人工智能相关国际规则

伴随着人工智能应用的安全和伦理影响逐渐显现,人工智能的治理成为了国际社会和各国的热门话题。从 2016 年开始,国际组织、各国政府、学术机构、产业界和民间社会发布了一百项以上关于人工智能治理的原则性宣言,内容主要是在以人为本的基础上,提出善行、合作、共同体、安全、公平、透明度、隐私、无恶意、可问责、自由等等方面。可以说国际社会很快在人工智能治理的基本原则上面取得了高度共识。但是,在值得肯定的同时,也引发了对通常而言宏观抽象的人工智能伦理原则如何在实践当中落地的担忧和反思。因此从 2019 年开始,人工智能治理的国际讨论的重点转向了人工智能治理的可操作化(operationalization)。人工智能伦理原则向制度规则的硬化是人工智能治理可操作化的必经环节和重要组成部分。本节旨在对于国际社会形成的围绕人工智能的国际准则(包含原则和规则在内)进行梳理。

1.1　政府间国际组织

1.1.1　经济合作与发展组织(OECD)

经济合作与发展组织(OECD)于 2019 年 5 月发布了 AI 准则"关于人工智能的建议",其中主要主张于 2019 年 6 月在日本大阪举行的 G20 峰会上被采纳。

其主要内容包含了五条发展可信 AI 的政府监管原则以及 5 项具体的政策建议。5 条原则:1)确保可信 AI 的发展,从而消除不平等(亦即包容性发展),追求可持续发展,并以增加人类的福祉为旨归;2)确保 AI 系统是公平且以人类为中心的;

在 AI 系统的全生命周期内,法治、人权和民主的价值观应被尊重;3)确保 AI 系统的透明性和可解释性;4)确保 AI 系统的稳健和安全性;各方需要确保 AI 系统具有可追溯性,并且采取系统化的风险管理措施;5)AI 行动者应当为 AI 系统的正常并符合上述原则的运作负责。5 项具体政策建议:1)加大在可信 AI 和公开数据库方面的公共投资,并且鼓励私人投资;2)构造可信 AI 的数字生态圈;3)建造利于可信 AI 从研发转向应用的政策环境、监管框架和评测体系,比如采取可控实验等;4)采取措施,积极应对劳动力市场的转型;5)强化政府间关于可信 AI 的国际合作,比如推动上述原则的落地、分享可信 AI 相关知识、推动可信 AI 技术标准的出台、建立用来测量 AI 研发应用水平的国际可比较指数体系等。

经合组织下属的数字经济政策委员会负责监督本"建议"的实施情况,并于2021 年 6 月发布了"OECD 人工智能原则的实施状况报告"。该报告从四个角度分析了 60 多个国家对于"建议"原则的实施状况,即:1)AI 的政策设计;2)AI 的政策实施;3)AI 政策的实施评估;4)AI 的国际合作。该报告指出,许多国家的 AI 战略包括了建立国家实验室,并且首先发展公共部门及少数经济部门(医疗、交通等);开放公共领域数据和投资算力成为政策主流;各国通过鼓励可控实验、建立产业基地、提升企业服务、方便融资、减免税收等方式提供有利于中小 AI 企业的政策环境;人工智能在公共部门中无需人类参与的应用逐渐受到广泛质疑;各国的人工智能监管机构和可信人工智能发展框架逐步建立;人工智能的教育、职业培训、海外引进和普及宣传蓬勃开展;有关人工智能战略的实施效果的评估已经在一些国家展开。该报告是经合组织于 2020 年 2 月建立的 OECD. AI Network of Experts(ONE AI)下属的工作小组,在对于 60 多个国家相关政策的长期跟踪以及通过 10次专家会议收集多国信息的基础之上完成的。

1.1.2 七国集团(G7)

七国集团(G7)是指由美国、英国、加拿大、法国、德国、意大利、日本等七国组成的非正式政府间组织。[1] G7 在 2018 年的加拿大峰会上通过了"Charlevoix 关于人工智能未来的共识",共承诺了 12 项内容:1)促进以人类为中心的 AI 开发以及

---

[1] https://en.wikipedia.org/wiki/Group_of_Seven#Summit_organization.

商业应用;2)鼓励可以提高公众对于新技术信任的 AI 研发的投资;3)支持关于 AI 技能的教育和终身学习,尤其是针对女性和弱势群体的;4)支持女性和边缘群体加入人工智能应用的全流程开发;5)鼓励关于如何促进 AI 创新及信任的多方对话;6)支持提高对于 AI 系统开发和应用信任的各种举措,尤其注意避免有害偏见、促进性别平等;7)鼓励非技术领域的中小企业使用 AI;8)鼓励促进劳动力发展和再技能化的政策;9)鼓励对于可以为一切人创造新机会的 AI 技术的投资,尤其是为无薪照料者创造新机会(其中多数为女性);10)鼓励产业界通过分享行为守则、指南标准、最佳实践等方式提高 AI、物联网和云服务的安全性;11)确保 AI 在设计和实施中尊重隐私和个人数据的保护;12)支持开放的市场环境,抵制强制技术转移、非正当数据本地化要求和非正当源代码公开等歧视性的贸易举措。

1.1.3 人工智能全球伙伴关系(GPAI)

人工智能全球伙伴关系(Global Partnership on Artificial Intelligence,GPAI)于 2020 年 6 月成立,是一个为促进 AI 领域的国际合作而成立的国际组织,下设一个理事会、一个委员会、一个由 OECD 具体负责的秘书处、两个总部分别在法国巴黎和加拿大蒙特利尔的研究中心。目前 GPAI 共包括澳大利亚、比利时、巴西、加拿大、捷克、丹麦、法国、德国、印度、爱尔兰、以色列、意大利、日本、墨西哥、荷兰、新西兰、波兰、韩国、新加坡、斯洛文尼亚、西班牙、瑞典、英国、美国和欧盟等 25 个成员。GPAI 当前的工作集中在四个领域,即 1)负责任的 AI;2)数据治理;3)未来工作;4)创新与商业化。在每个领域,GPAI 下属的工作组都做出了一些探索性的国际准则工作,如:1)在负责任的 AI 领域提出了用 AI 抗击气候变化的行动路线图;2)在数据治理领域提出了关于数据信托的国际共识宣言,以及数据正义指南;3)在未来工作领域准备提出 AI 公平工作原则;4)在创新与商业化领域设计了用来帮助各国中小企业采纳人工智能解决方案的信息平台(portal)的雏形,并发布了一份用来帮助中小企业理解 AI 相关知识产权问题的指南。

1.1.4 人工智能合作论坛(FCAI)

2019 年,总部位于美国华盛顿的布鲁金斯学会(Brookings Institution)和总部位于比利时布鲁塞尔的欧洲政策研究中心(Centre for European Policy Studies)联合成立了人工智能合作论坛(Forum For Cooperation on AI,FCAI),以促进大西洋两岸的政府官员、行业、学界以及公民社会之间关于人工智能政策的高级别讨论。该论坛目前包括了美国、加拿大、欧盟、英国、澳大利亚、日本、新加坡等七方,从2020年6月起共组织了8次官员、专家的圆桌会议。2021年10月,该论坛发布了名为"加强人工智能国际合作"的进展报告,其中提出了4个未来增强国际合作的方向,以及15项具体的政策建议。4个国际合作方向:1)增强规制领域的沟通与合作;2)增强数据跨境流动的合作;3)增强制定技术标准的合作;4)增强通过人工智能来解决特定全球性问题的国际合作。15个政策建议:1)在制定和实施国家AI战略时,宣布对于国际合作的重视;2)在负责任AI的开发方式上取得一定共识;3)在对于人工智能的定义上取得共识;4)在基于风险的规制策略上取得初步共识;5)在人工智能的开发和应用中划定"红线",比如禁止政府的大范围社会打分;6)从规制程度相对较高、风险相对较大的部门开始合作,如医疗、交通、金融等;7)建立各国政府间分享监管经验的平台;8)建立各国政府间关于AI在公共部门使用的分享经验及合作的平台;9)加强关于人工智能可问责性的合作(如AI系统审计等);10)加强对于数据治理如何影响AI研发的评估研究;11)在国际人工智能标准的制定上采取渐进式和包容的策略;12)鼓励中国通过产业主导、研究驱动的方式加入国际AI标准制定过程中;13)将AI国际标准融合入国际贸易规则中;14)应为学界和业界参与国际标准制定组织的活动提供资助;15)应该合作研发针对大规模全球性问题(如气候变化、疫病防治等)的人工智能系统。

1.1.5 二十国集团(G20)

二十国集团(G20)是由19个大型经济体和欧盟在1999年组成的全球性政府间国际组织,成员国包括澳大利亚、加拿大、沙特阿拉伯、美国、印度、俄罗斯、南非、土耳其、阿根廷、巴西、墨西哥、西班牙、法国、德国、意大利、英国、中国、印度尼西亚、日本、韩国等。G20国家一共约占到全世界生产总值的90%,是国际社会在应对全球经济问题方面的重要组织。2018年的阿根廷布宜诺斯艾利斯G20峰会的数字部长声明首次明确提及人工智能,一方面各国要鼓励人工智能等新技术的研发以及在农业、制造业等领域的应用;另一方面各国要充分注意人工智能对于隐私和安全的威胁,以及人工智能对于经济增长和生活质量的正面效应。2019年日本大阪G20峰会提出了"数据的自由流通"和"以人为中心的AI"这两个重要的基本理念,同时接纳 OECD 发布的"人工智能建议"内容为(非强制约束的)G20 人工智能原则。2020 年的沙特阿拉伯利雅得 G20 峰会重述了大阪峰会的精神,并且总结了各国在推动 G20 人工智能原则方面的多样化的早期实践。2021 年的意大利罗马 G20 峰会延续了之前两次峰会的精神,并且详细列举了鼓励中小企业采纳人工智能方案的政策方案等。

1.1.6　联合国(United Nations)

现任联合国秘书长安东尼奥·古特雷斯在 2020 年 5 月发布了"数字合作路线图"。在此之前,成立于 2018 年 7 月,由古特雷斯秘书长任命、由梅琳达·盖茨和马云担任联袂主席的"数字合作高级别小组",在 2019 年 6 月提交了题为"数字相互依存的时代"的报告,其中就人工智能提出了 4 条具体建议:1)出于可问责性考虑,自动化智能系统的设计应当使其决定可以向人类解释;2)应当建立审计与认证体系来确保人工智能系统符合工程与伦理标准,并且这些标准是在多利益攸关方、多边参与的过程中形成的;3)涉及生死的决定不应该交给机器做出;4)应当倡导多利益攸关方的数字合作,以确保上述标准和透明、无偏等原则,在设计并应用于不同社会场景当中的自动化智能系统时,是深思熟虑的。针对这 4 条建议,"路线图"首先指出,建议三是与联合国秘书长要求全球禁止致命自主武器系统的呼吁一致的,联合国会员国应当在《禁止或限制使用某些可被认为具有过分伤害力或滥杀滥伤作用的常规武器公约》的框架内认识此事。其次"路线图"指出,在人工智能领域,技术发展与国际协调、协作和治理之间存在明显差距,全球讨论缺乏代表性和包容性,现有主要集团之外的国家、联合国实体和其他利益攸关方不容易参与到其中。基于此,"路线图"在结论性意见和前进方向部分指出,应当设立一个全球人工智能合作多方利益攸关方咨询机构,就可信、基于人权、安全和可持续并促进和平的人工智能,向联合国秘书长和国际社会提供决策参考。

1.1.7　联合国教育、科学及文化组织(UNESCO)

2021 年 11 月,联合国教科文组织(UNESCO)大会第 41 届会议审议通过了《人工智能伦理问题建议书》。[1]《建议书》主要包括序言和五个章节。

---

[1] https://en.unesco.org/artificial-intelligence/ethics#recommendation.

序言部分阐明了建议书的制定以国际法和教科文组织的使命为依据,建议会员国在自愿基础上适用本建议书的各项规定。

第一章"适用范围"交代了建议书的宗旨,在于以人的尊严、福祉和防止损害为导向,为社会接受或拒绝人工智能技术提供依据,并且把人工智能伦理视作一个基于动态、多元价值的系统性的规范反思过程;建议书把人工智能宽泛地定义为有能力以类似于智能行为的方式处理数据和信息的系统,并重点关注人工智能系统与教育、科学、文化、传播和信息等教科文组织核心目标领域有关的广泛伦理影响。

第二章"宗旨和目标"说明了建议书的主要目标包括了指导各国制定与人工智能有关的立法和政策,指导人工智能行动者将伦理规范嵌入人工智能系统生命周期的各个阶段,推动多利益攸关方的对话和共识的建立,促进人工智能领域进步和知识的公平获取以及惠益共享尤其是关注最不发达国家、内陆发展中国家和小岛屿发展中国家的需求等等。第二章还指出了建议书的特色是着重强调包容、性别平等以及环境和生态系统保护等问题。

第三章"价值观和原则"包含了作为理想目标的价值观和更加切实可执行的原则,价值观部分包括了:1)尊重、保护和促进人权和基本自由以及人的尊严;2)环境和生态系统蓬勃发展;3)确保多样性和包容性,尤其是对中低收入国家、最不发达国家、内陆发展中国家和小岛屿发展中国家进行协助;4)生活在和平、公正与互联的社会中。原则部分包括了:1)相称性和不损害,即人工智能方法不得违背本文件的基本价值观尤其是侵犯或践踏人权,并在实现特定合法目标时应该是适当的和相称的;2)在安全和安保方面,应避免并解决、预防和消除意外伤害(安全风险)以及易受攻击的脆弱性(安保风险);3)在公平和非歧视方面,人工智能行动者要采用包容性办法确保人工智能技术和惠益人人可及,同时又考虑到不同年龄组、文化体系、不同语言群体、残障人士、女童和妇女以及处境不利、边缘化和弱势群体或处境脆弱群体的具体需求;4)在可持续性方面,就人工智能技术对于人类、社会、文化、经济和环境的影响开展持续评估;5)在隐私权和数据保护方面,建立适当的数据保护框架和治理机制,并对算法系统开展充分的隐私影响评估;6)在人类的监督和决定方面,人工智能系统永远无法取代人类的最终责任和问责,同时生死攸关的决定不应让给人工智能系统来作;7)在透明度和可解释性方面,对于影响重大的人工智能程序,应确保对于导致所采取行动的任何决定作出有意义的解释和具有实施过程的透明度。8)在责任和问责方面,建立适当的监督、影响评估、审计和尽职调查机制,确保人工智能系统的运行可审计和可追溯;9)在认识和素养方面,促进公众对于人工智能技术和数据价值的认识和理解,同时确保公众了解人工智能系统对人权和权利保障的影响以及对环境和生态系统的影响;10)在多利益攸关方与适应性治理和协作方面。利益攸关方包括但不限于政府、政府间组织、技术界、民间社会、研究人员和学术界、媒体、教育、政策制定者、私营公司、人权机构和平等机构、反歧视监测机构以及青年和儿童团体。第三章同时指出,在任何实际情况下,以上价值观和原则之间都可能会有矛盾,需要考虑相称性原则并且尊重人权和基本自由,根据具体情况进行评估以管控潜在的矛盾,并且充分利用社会对话、伦理审议、尽职调查和影响评估等方法。

第四章"政策行动领域"确定了11个具体的政策领域,以期会员国出台有效措施来落实本建议书提出的价值观和原则:1)在伦理影响评估领域,出台影响评估(例如伦理影响评估)框架以确定和评估人工智能系统的惠益、关切和风险,并应建立尽职调查和监督机制,以确定、防止和减轻人工智能系统对尊重人权、法治和包容性社会产生的影响;2)在伦理治理和管理领域,确保人工智能治理机制具备包容性、透明性、多学科、多边和多利益攸关方等特性,可以采取人工智能系统认证机制等形式的柔性治理,尤其应当对公共管理部门现有和拟议的人工智能系统进行透明的自我评估;3)在数据政策领域,制定数据治理战略、确保持续评估人工智能系统训练数据的质量,确保个人可以保留对于其个人数据的权利并得到相关框架的保护并促进开放数据;4)在发展与国际合作领域,鼓励在人工智能领域开展国际合作与协作;5)在环境与生态系统领域,评估对环境产生的直接和间接影响,并在必要和适当时将人工智能系统用于自然资源的保护、监测和管理等方面;6)在性别领域,确保数字技术和人工智能促进实现性别平等的潜能得到充分发挥,确保技术不会加剧而是会消除性别差距,包括从公共预算中划拨专项资金用于资助促进性别平等的计划、鼓励女性创业并参与人工智能系统生命周期的各个阶段等;7)在文化领域,鼓励会员国审查并应对人工智能系统产生的文化影响,特别是自动翻译和语音助手等自然语言处理应用程序给人类语言和表达的细微差别带来的影响;8)在教育和研究领域,加强与国际组织、教育机构、私营实体和非政府实体合作,在各个层面向所有国家的公众提供充分的人工智能素养教育,应促进并支持人工智能伦理问题研究并确保人工智能研究人员接受过伦理培训,应促进开展跨学科的人工智能研究;9)在传播和信息领域,利用人工智能系统改善信息和知识的获取;10)在经济和劳动领域,评估并处理人工智能系统对所有国家劳动力市场的冲击及其对教育要求的影响,应与私营公司、民间组织和其他利益攸关方(包括劳动者和工会)合作,确保高风险员工可以实现公平转型;11)在健康和社会福祉领域,努力利用有效的人工智能系统来改善人类健康并保护生命权,并针对机器人的未来发展,制定关于人机互动及其对人际关系所产生影响的准则。

第五章"监测和评估"呼吁会员国根据本国国情,制定以可信和透明的方式监测和评估人工智能伦理问题有关的政策、计划和机制。与此同时,联合国教科文组织亦准备从以下方面作出贡献:1)制定以严谨的科学研究为基础并且以国家人权法为根据的教科文组织人工智能技术伦理影响评估(EIA)方法;2)制定教科文组织准备状态评估方法,协助会员国确定其准备进程的各个方面,在特定时刻所处状态;3)制定关于在事先和事后对照既定目标评估人工智能伦理政策和激励政策的效力和效率的方法;4)加强对于人工智能伦理政策的基于研究和证据的分析和报告;5)收集和传播关于人工智能伦理政策的进展、创新、研究报告、科学出版物、数据和统计资料。

1.2 专业性国际组织

1.2.1 国际电信联盟(ITU)

作为一个国际组织,国际电信联盟(ITU)主要负责确立国际无线电和电信的管理制度和标准。其前身是 1865 年 5 月在巴黎创立的国际电报联盟,是世界上最悠久的国际组织。它的主要任务是制定标准,分配无线电资源,组织各个国家之间的国际长途互连方案。它也是联合国的 15 个专门机构之一,其总部设在联合国第二大总部瑞士日内瓦。

国际电信联盟从 2016 年开始开展人工智能标准化研究,其在人工智能标准上的主要工作包括:2017 年 6 月,国际电信联盟和 X 奖基金会(XPRIZE)共同举办了第一届人工智能优势全球峰会(AI for Good),旨在推动人工智能技术帮助解决人类重大挑战;提出了对于人工智能建议的草案,包括人工智能和物联网(ITU - T Y. AI4SC)、基于机器学习的 IMT - 2020 的服务质量要求(ITU - T Y. qos-ml); ITU - TSG13 设立未来网络-机器学习焦点组,研究面向信息基础设施的标准化需求,2018 年 1 月第一次会议,确立工作组及工作组范围;2018 年 4 月第二次会议,确立在研课题等等。

其中,电信标准分局(ITU - T)一直致力于解决智慧医疗、智能汽车、垃圾内容治理、生物特征识别等人工智能应用中的安全问题。2017 年和 2018 年,电信标准分局(ITU - T)分别组织了"AI for Good Global"峰会,重点关注确保人工智能技术可信、安全和包容性发展的战略,以及公平获利的权利。电信标准分局(ITU - T)中,安全研究组(SG17)和多媒体研究组(SG16)均开展了人工智能安全相关标准研制工作,特别是安全标准工作组(ITU - TSG17)已经计划开展人工智能赋能安全相关标准化项目的讨论和研究。同时,安全标准工作组下设远程生物特征识别问题组与身份管理架构和机制问题组,主要负责电信标准分局(ITU - T)生物特征识别标准化工作;其中,远程生物特征识别问题组关注生物特征数据的隐私保护、可靠性和安全性等方面的各种挑战。

1.2.2 国际标准化组织和国际电工委员会第一联合技术委员会(ISO/IEC JTC1)

国际标准化组织(ISO)成立于 1947 年 2 月,负责当今世界上绝大部分领域(包括军工、石油、船舶等垄断行业)的标准化活动。国际标准化组织(ISO)在人工智能标准化研究上的工作主要集中在三大领域,分别是工业机器人、智能金融和智能驾驶。工业机器人方面由 ISO/TC299(机器人技术委员会)负责,智能金融则由金融服务技术委员会(TC68)负责,智能驾驶由道路车辆技术委员会(TC22)负责。

国际电工委员会(IEC)是世界上最早的国际标准化组织,于 1906 年成立,主要是负责有关电气工程和电子工程领域中的国际标准化工作。目前,国际电工委员会(IEC)主要在可穿戴设备领域开展了人工智能标准化工作。从具体的工作上看,音频、视频、多媒体系统和设备分技术委员会(IEC/TC100),建立了由特定研究小组负责的"可穿戴设备使用场景"议题,研制可穿戴设备包括虚拟现实的标准化工作;

可穿戴技术分技术委员会(IEC/TC124)，负责开展与可穿戴相关的电工、材料、人身安全相关的技术标准研制工作。

国际标准化组织和国际电工委员会第一联合技术委员会(ISO/IEC JTC1)在人工智能领域的标准化工作已有 20 多年的历史。2017 年 10 月，ISO/IEC JTC1 成立了人工智能分技术委员会(SC42)，围绕基础标准、计算方法、可信赖和社会关注等方面开展国际标准化工作；同时，开展人工智能概念与术语、系统框架两个项目的工作。

2017 年 10 月第一联合技术委员会(ISO/IEC JTC1)在俄罗斯召开会议，决定成立人工智能分技术委员会(SC42)，负责人工智能标准化工作。人工智能分技术委员会(SC42)已成立 5 个工作组，包括基础标准、大数据、可信赖、用例与应用、人工智能系统计算方法和计算特征工作组，此外人工智能分技术委员会(SC42)也包含人工智能管理系统标准咨询组、智能系统工程咨询组等。其中可信赖组重点关注人工智能可信赖和伦理问题，已开展人工智能可信度、鲁棒性评估、算法偏见、伦理等标准研制工作，主要标准项目包括：

1)《信息技术人工智能人工智能系统中的偏差与人工智能辅助决策》(ISO/IEC TR 24027)，主要研究人工智能系统与人工智能辅助决策系统中的算法偏见。

2)《信息技术人工智能人工智能可信度概述》(ISO/IEC PDTR 24028)，主要研究了人工智能可信赖的内涵，分析了人工智能系统的典型工程问题和典型相关威胁和风险，提出了对应的解决方案。该标准将可信赖度定义为人工智能的可依赖度和可靠程度，从透明度、可验证性、可解释性、可控性等角度提出了建立人工智能系统可信赖度的方法。此外该标准还将人工智能滥用分成三个层次：误用(misuse)，即过度依赖人工智能会导致无法预料的负面结果；弃用(disuse)，即对人工智能的依赖不足带来的负面结果；滥用(abuse)，即在建立人工智能系统时未充分尊重最终用户利益。由于创新技术应用边界难以控制，可能引发滥用风险，如利用人工智能技术模仿人类，如换脸、手写伪造、人声伪造、聊天机器人等，除引发伦理道德风险外，还可能加速技术在黑灰色地带的应用，模糊技术应用的合理边界，加剧人工智能滥用风险。

3)《人工智能神经网络鲁棒性评估第 1 部分：概述》(ISO/IEC TR 24029 - 1)

主要在人工智能鲁棒性研究项目基础上,提出交叉验证、形式化验证、后验验证等多种形式评估神经网络的鲁棒性。《人工智能神经网络鲁棒性评估第 2 部分:形式化方法》(TR 24029－2)也已申请立项。

4)《信息技术人工智能风险管理》(ISO/IEC 23894)梳理了人工智能的风险,给出了人工智能风险管理的流程和方法。

5)《信息技术人工智能伦理和社会关注概述》(TR)主要从伦理和社会关注方面对人工智能进行研究。

除了人工智能分技术委员会(SC42)外,信息安全、网络安全和隐私保护分技术委员会(ISO/IEC JTC1/SC27)的身份管理与隐私保护技术工作组(WG5),已立项研究项目《人工智能对隐私的影响》,研究人工智能对隐私产生的影响。软件和系统工程分委会(ISO/IEC JTC1/SC 7),也在研制《软件和系统工程—软件测试—人工智能系统测试》(ISO/IEC/IEEE 29119－11),旨在对人工智能系统测试进行规范。

1.2.3　电气与电子工程师协会(IEEE)

电气与电子工程师协会(IEEE)是一个建立于 1963 年 1 月的国际性电子技术与电子工程师协会,也是世界上最大的专业技术组织之一,拥有来自 175 个国家的 42 万会员。除设立于美国纽约市的总部以外,亦在全球 150 多个国家拥有分会,并且还有 35 个专业学会及 2 个联合会。目前 IEEE 在工业界所定义的标准有着极大的影响。

电气与电子工程师协会(IEEE)从 2016 年开始关于人工智能标准相关工作。在网络产品领域,主要涉及自助系统的透明度(IEEE P7001),个人数据人工智能代理标准(IEEE P7006),伦理驱动的机器人和自动化系统的本体标准(IEEE P7007),合乎伦理的人工智能与自主系统的福祉度量标准(IEEE P7010),机器可读个人隐私条款标准(IEEE P7012)以及人脸自动分析技术的收录与应用标准(IEEE P7013);在网络过程方面,涉及系统设计期间解决伦理问题的模型过程的标准(IEEE P7000),数据隐私处理标准(IEEE P7002),算法偏差注意事项标准(IEEE P7003)以及新闻信源识别和评级过程标准(IEEE P7011);在强制性产品领域方面,有自主和半自主系统的失效安全设计标准(IEEE P7009);在强制性过程领域,主要有儿童和学生数据治理标准(IEEE P7004),透明雇主数据治理标准(IEEE P7005),机器人、智能与自主系统中伦理驱动的助推标准(IEEE P7008)。

电气与电子工程师协会(IEEE)的相关标准提出时间相对较晚,且目前未经过实际的工业验证。通常而言,政府法规基本都要求采用国际标准组织(ISO)标准,而较少使用电气与电子工程师协会(IEEE)标准。但在国际采购过程中,关于电气与电子工程师协会(IEEE)和国际标准组织(ISO)标准的要求都很常见,市场机制同样鼓励采用这两种标准。国际标准组织(ISO)在许多强制执行的标准上被采纳,而电气与电子工程师协会(IEEE)暂时还没有类似的成就。和电气与电子工程师协会(IEEE)相比,国际标准组织(ISO)标准对于各国具有更大的影响力。但是从标准的时代前瞻性观之,电气与电子工程师协会(IEEE)的人工智能标准比人工智能分技术委员会(SC 42)标准更进一步。合乎伦理的人工智能与自主系统的福祉度量标准(IEEE P7010)的起草工作始于2016年,是电气与电子工程师协会(IEEE)人工智能系统全球道德倡议的一部分。电气与电子工程师协会(IEEE)的人工智能标准系列范围很广,并且随着最近增加的项目,范围还在不断扩大。尤其是"系统设计期间解决伦理问题的模型过程的标准(IEEE P7000)",受到人工智能研究人员的长期关注。该标准自2019年1月起草,包括"测量、测试和证明系统安全故障能力的明确程序"。该标准取决于其最终被采用范围,可能会影响人工智能在许多重点领域的研发。同样值得注意的是"数据隐私处理标准(IEEE P7002)",它试图定义数据隐私的标准。数据隐私的标准化测量方法,可以为未来高级人工智能发展协议中的监测措施提供依据。2020年电气与电子工程师协会(IEEE)启动了"自主和智能系统伦理认证计划(ECPAIS)"的起草。与其他电气与电子工程师协会(IEEE)人工智能标准不同,目前只开放给付费成员及组织。"自主和智能系统伦理认证计划"(ECPAIS)寻求开放与透明度,目前尚处于早期阶段,外部认可程度尚需进一步观察。如果没有强制执行机制,该标准落实程度可能会受到其他具备强制执行机制的行业标准的影响。

1)《系统设计期间解决伦理问题的模型过程的标准》(Standard for Model Process for Addressing Ethical Concerns during System Design, IEEE P7000)。该标准建立了一个过程模型,工程师和技术人员可以在系统启动、分析和设计的各个阶段处理伦理问题。其目的在于使这种基于伦理的系统设计方法得到务实的应用,伦理的概念分析和广泛的可行性分析可以帮助完善系统和软件生命周期中的系统性要求。预期的过程要求包括新IT产品开发、计算机伦理和IT系统设计、价值敏感设计以及利益相关者参与伦理IT系统设计的管理和工程视图。

2)《自治系统的透明度标准》(Standard for Transparency of Autonomous Systems,IEEE P7001)。此标准提供了一个可衡量、可测试的透明度水平标准,以便对自主系统进行客观评估。其中,自主系统被定义为"有能力根据某些输入数据或外部激励自行做出决定的系统,且根据系统的自主程度,有不同程度的人为干预"。标准针对自治系统运营的透明性问题,为自治系统开发过程中透明性自评估提供指导,帮助用户了解系统做出某些决定的原因,并提出提高透明度的机制(如需要传感器安全存储、内部状态数据等)。标准的目标用户是自主系统的制定者、设计者、制造商、运营商和维护者。此外,该标准具有通用性:它旨在适用于所有自主系统,包括机器人(自主车辆、辅助生活机器人、无人机、机器人玩具等),以及纯软件的人工智能系统,如医疗诊断AI、聊天机器人、贷款推荐系统、面部识别系统等。

3)《数据隐私处理标准》(Standard for Data Privacy Process,IEEE P7002)。标准定义了一个系统/软件工程流程的要求,用于对利用雇员、客户或其他外部用户的个人数据的产品、服务和系统进行隐私导向的管理。它涵盖了从政策到开发、质量保证和价值实现的整个生命周期。其适用于正在开发和部署涉及个人信息的产品、系统、流程和应用的组织和项目。通过提供具体的程序、图表和检查表,该标准的用户将能够对其具体的隐私实践进行合规性评估。总体上,标准指出如何对收集个人信息的系统和软件的伦理问题进行管理,规范系统/软件工程全生命周期过程中隐私问题的实践过程方式,也可用于对隐私实践进行合规性评估(隐私影响评估)。

4)《算法偏见注意事项标准》(Standard for Algorithmic Bias Considerations,IEEE P7003)。标准提供了在创建算法时消除负面偏见问题的步骤,还包括基准测试程序和选择验证数据集的规范,适用于自主或智能系统的开发人员避免其代码中的负面偏见。当使用主观的或不正确的数据解释(如错误的因果关系)时,可能会产生负面偏见。具言之,"负面偏见"是指使用过于主观或统一的数据集或已知不符合有关某些受保护特征(如种族、性别、性行为等)的立法的信息;或对不一定受立法明确保护的群体有偏见的情况,但在其他方面削弱了利益相关者的福祉,而且有充分的理由认为是不适当的。可能的内容包括但不限于:选择验证数据集进行偏见质量控制的基准程序和标准;关于建立和沟通算法设计和验证的应用边界的准则,以防止算法的超范围应用所产生的意外后果;关于用户对于算法管理的建议,以减少由于用户对系统输出的不正确解释而产生的偏见。

5)《儿童和学生数据治理标准》(Standard for Child and Student Data Governance,IEEE P7004)。该标准定义了在任何教育或制度环境中,用户如何证明他们如何访问、收集、存储、利用、共享和销毁儿童和学生数据。同时提供了关于这些类型的使用的具体指标和符合性标准,由值得信赖的全球合作伙伴提供,以及供应商和教育机构如何满足这些标准,为处理儿童和学生数据的教育机构或组织提供了透明度和问责制的流程和认证。

6)《透明雇主数据治理标准》(Standard for Transparent Employer Data Governance,IEEE P7005)。标准提供以符合伦理的方式存储、保护和使用员工数据的指南和认证,希望为员工在安全可靠的环境中分享他们的信息以及雇主如何与员工进行合作提供清晰的建议。该标准旨在为组织提供一套明确的准则,用于存储、保护和利用员工数据,一旦部署将支持伦理和透明化的行为。其中涉及的一个重要目标是,需要有明确的流程和文件,可以用数据主体理解的非技术性术语进行解释。数据主体需要了解个人数据收集、个人数据处理、个人数据存储以及个人数据如何共享和使用等基本问题。每个问题都要从保护数据主体的个人数据的手段和数据主体在个人数据受到损害时的选择方面来解决。受欧盟(EU)《通用数据保护条例》(GDPR)立法的启发,该标准旨在,无论是来自工作流程监控还是个人数据存储,都能使面临广泛的自动化问题的工人控制和影响直接代表其身份和生活的核心资产的个人信息。

7)《个人数据人工智能代理标准》(Standard for Personal Data Artificial Intelligence Agent,IEEE P7006)。标准涉及关于机器自动作出决定的问题,描述了创建和授权访问个人化人工智能所需的技术要素,包括由个人控制的输入、学习、伦理、规则和价值。允许个人为其数据创建个人"条款和条件",代理人将为人们提供一种管理和控制其在数字世界中的身份的方式。

8)《伦理驱动的机器人和自动化系统的本体标准》(Ontological Standard for Ethically Driven Robotics and Automation System，IEEE P7007)。标准建立了一套具有不同抽象层次的本体，其中包含概念、定义、公理和用例，有助于为机器人和自动化系统的设计制定伦理驱动的方法论。它专注于机器人和自动化领域，不考虑任何特定的应用，可以以多种方式使用，例如，在机器人和自动化系统的开发过程中，作为指南或参考"分类法"，使来自不同社区的成员之间进行清晰和准确的沟通。该标准的使用者需要有最低限度的形式逻辑知识，以理解通用逻辑交换格式中公理化表达方式。

9)《机器人、智能与自主系统中伦理驱动的助推标准》(Standard for Ethically Driven Nudging for Robotic，Intelligent and Autonomous Systems，IEEE P7008)。该标准中，机器人、智能或自治系统所展示的"助推"被定义为旨在影响用户行为或情感的公开或隐藏的建议或操纵。标准确定了典型"助推"的定义，包含建立和确保伦理驱动的机器人、智能和自治系统方法论所必需的概念和功能。

10)《自主和半自主系统的失效安全设计标准》(Standard for Fail-Safe Design of Autonomous and Semi-Autonomous Systems，IEEE P7009)。该标准为在自治和半自治系统中开发、实施和使用有效的故障安全机制，建立了特定方法和工具的实用技术基准，以规避系统失效，包括(但不限于)测量、测试和认证系统的安全保障能力的明确程序，以及在性能不满意的情况下的改进说明。该标准作为开发者以及用户和监管者的基础，以强大、透明和负责任的方式设计故障安全机制。

11)《合乎伦理的人工智能与自主系统的福祉度量标准》(Well-Being Metric for Autonomous and Intelligent Systems，IEEE P7010)。标准建立与直接受智能和自治系统影响的人为因素有关的健康指标，为这些系统处理的主观和客观数据建立基准以实现改善人类福祉的目的。

12)《新闻信源识别和评级过程标准》(Standard for Process of Identifying and Rating the Trustworthiness of News Sources，IEEE P7011)。该标准通过提供一个易于理解的评级开放系统，以便对在线新闻提供者新闻内容进行评级，来应对未经控制的假新闻泛滥带来的负面影响。此外该标准提供了半自动的标准流程，创建和维护新闻传播者的评级,以达到提高公众认识的目的。它将识别和评定新闻报道的事实准确性的过程标准化,从而对其新闻内容进行评级。这个过程将通过多方位和多来源的方法来进行真实性记分。该标准定义了一个使用开源软件的算法和一个记分卡评级系统,以此建立社会新闻的信任和接受度。

13)《机器可读个人隐私条款标准》(Standard for Machine Readable Personal Privacy Terms, IEEE P7012)。标准给出了提供个人隐私条款的方式,以及机器如何阅读和同意这些条款。

14)《人脸自动分析技术的收录与应用标准》(Inclusion and Application Standard for Automated Facial Analysis Technology, IEEE P7013)。标准研究表明用于自动面部分析的人工智能容易受到偏见的影响。该标准提供了面容识别的相关技术定义,技术人员和审核员可以使用这些定义来评估用于训练和校正面部数据的算法性能的多样性,建立准确性报告和数据多样性规则以进行自动面部分析。

2. 欧美国家发布的人工智能规则

2.1 欧盟

1993年11月1日,《马斯特里赫特条约》生效,欧盟正式诞生,目前拥有27个成员国。欧盟是欧洲政治经济一体化的重要产物,是世界多极化中的重要一极。但与美国、中国统一国家相比,欧盟作为一个政治实体还是略显松散。基于此,在诸多政策和措施的推行中,欧盟也力求维持内部秩序的稳固。在顶层战略上,欧盟坚持在创新的同时持续予以监管,树立并输出富有自身特色的价值观,同时以保护个人隐私作为立足点引领人工智能的发展方向。在发展准则上,欧盟坚持发展与规范同步,在合作共赢中重视数据保护、风险管控,并适时推出人工智能伦理指南。此外,建立完善的人工智能法律规范,处理好机器和人类的新关系,更好地获取人工智能红利,让技术造福人类。在机构设置上,欧盟更有侧重和针对性地在数据保护、伦理引导、监管风险等领域设立专门机构,并制定相关政策法案等,增强用户对人工智能系统的信任,实现技术创新和人权保护的平衡。

2.1.1 欧盟人工智能顶层战略

现如今人工智能的激烈博弈已上升到国家层面,越来越多的国家争相制定发展战略与规划,人工智能竞争趋向白热化。面对在互联网和人工智能领域长期落后于美国和中国的事实,欧盟不遗余力地加强顶层战略设计,加速对人工智能进行系统性布局。

2.1.1.1 《欧洲机器人研发计划》

2014 年 6 月,欧盟委员会与欧洲机器人协会合作启动"机器人研发计划"(SPARC),欧盟委员会出资 7 亿欧元,欧洲机器人协会出资 21 亿欧元。SPARC 目标主要有两方面:一是研发和创新目标,最大程度满足欧洲主要经济体对机器人技术的需求,创造和发展强大的欧洲研发和基础设施。二是市场目标,保持欧洲工业机器人技术全球领先地位,将其扩展到新兴的智能制造部门和市场,推动欧盟 27 国GDP 增长 800 亿欧元。[1]

2.1.1.2 《欧盟人工智能》

2018 年 4 月,欧盟委员会发布政策文件《欧盟人工智能》(Artificial Intelligence for Europe),研究并致力于向国际社会输出以"以人为本"为特色价值观的人工智能。[2] 欧盟在人工智能领域采取三大措施:一是至 2020 年投资 15 亿欧元,二是促进教育和培训体系升级,三是研究和制定人工智能新的道德准则。[3]

2018 年 12 月,为推进落实《欧盟人工智能》,欧盟发布《人工智能协调计划》。该计划主题为"人工智能欧洲造"(AI Made in Europe),有 4 个关键措施:增加投资、提供更多数据、培养人才和确保信任。该计划提出 7 项行动:加大人工智能领域投资;推动人工智能研究与应用;培养人工智能人才,增强相关技能;夯实人工智能数据基石;建立伦理与规制框架;推动人工智能在公共部门的应用;加强人工智能国际合作。[4]

2.1.1.3 《人工智能白皮书》

为应对全球激烈竞争形势,欧盟各国认识到需要在《欧盟人工智能》战略基础上走出一条更加坚定的欧洲道路。2020 年 2 月,欧盟委员会发布《人工智能白皮

〔1〕腾讯研究院等:《人工智能》,中国人民大学出版社 2017 年版,第 421—426 页。
〔2〕https://ec.europa.eu/digital-single-market/en/news/communication-artificial-intelligence-europe.
〔3〕国家知识产权局学术委员会:《产业专利分析报告(第 65 册)——新一代人工智能》,知识产权出版社 2019 年版,第 16 页。
〔4〕中华人民共和国科学技术部:《2019 国际科学技术发展报告》,科学技术文献出版社 2019 年版,第118—119 页。

书——通往卓越与信任的欧洲路径》（下称《白皮书》），以欧洲价值观为根基，促进人工智能的部署和发展。[1]《白皮书》包括引言、利用工业及专业市场优势、把握未来机遇、卓越生态系统、人工智能监管框架和结论 6 个部分，规定了成员国、其他欧洲机构和相关组织、人员协调努力的措施，建立正确的激励机制，加快人工智能相关问题的解决，强调"欧洲的人工智能必须以欧洲价值观和人类尊严及隐私保护等基本权利为基础，这一点至关重要"[2]。

2.1.2　欧盟人工智能发展准则

鉴于人工智能具有明显的"双刃剑"性质，既可以造福人类，也可以危害人类。为此，世界各国对于人工智能的发展路径也分为两种：一种是"弱监管"，更加推崇AI 的技术发展和创新；一种是"强监管"，相比技术创新，更加注重通过制定严格的法律和原则等，最大限度地降低 AI 对人类的威胁。欧盟即属于后者，其主要的发展原则、法律法规有：

2.1.2.1　发展原则

合作原则。一是政府与企业合作，在"地平线欧洲"项目背景下，欧盟委员会在人工智能、数据和机器人技术方面，与该项目的其他公私伙伴进行协作，确保人工智能研究与创新协调发展。富士集团法国区总裁本杰明·莱克莱弗斯基（Benjamin Revcolevschi）表示，将加强巴黎人工智能卓越中心的研发工作，挖掘与欧洲其他国家的联合研发潜力，特别加强与富士德国区"工业 4.0"研发中心紧密合作。[3] 二是成员国间合作，2018 年 12 月欧盟发布《人工智能协调计划》，最大限度地评估各国人工智能战略，深化扩大成员国之间的人工智能协调发展。[4] 2018 年以来，法国、德国、芬兰、瑞典、西班牙、丹麦等先后发布人工智能战略或计划；众多成员国通过各自努力，共同提高欧盟在人工智能领域的国际竞争力。三是国际合作，欧盟在

---

〔1〕White Paper：On Artificial Intelligence — A European approach to excellence and trust. European Commission, Brussels, 19. 2. 2020. COM(2020)65 final. Page1.

〔2〕White Paper：On Artificial Intelligence — A European approach to excellence and trust. European Commission, Brussels, 19. 2. 2020. COM(2020)65 final. Page2.

〔3〕杨进、许渐景：《法国加快人工智能领域人才培养：思路与举措》，《世界教育信息》2018 年第 14 期，第 11 页。

〔4〕White Paper：On Artificial Intelligence — A European approach to excellence and trust. European Commission, Brussels, 19. 2. 2020. COM(2020)65 final. Page5.

人工智能方面的工作已经影响了国际讨论。欧盟积极参与制定亚太经合组织的人工智能道德原则,2019 年 6 月,G20 在关于贸易和数字经济的部长声明中也认可了这些原则。在联合国,欧盟参与了数字合作高级别小组报告的后续工作,包括提供人工智能的发展建议;欧盟在伦理规则和价值观的人工智能方面继续与其他国家、全球参与者合作,共同保障人类未来的利益和安全。

重视数据原则。一是加强数据记录和保存,欧盟正在制定数据记录和保存的相关要求[1],这不仅有助于人工智能程序的执行和监督,也会促使经营者在遵守这些规则的同时考虑到规则的用意。二是强化数据访问和管理,在《欧洲数据战略》支持下,欧盟委员会已提议在"数字欧洲"计划下拨付超 40 亿欧元资金支持高性能和量子计算,包括边缘计算和人工智能、大数据和云基础设施。[2] 三是加强数据开放共享,欧盟委员会已经推出以下举措:修订公共部门信息开放指令,出台私营部门数据分享指南,修订科研信息的获取和保存建议,出台医疗健康数字化转型政策(包括分享基因数据及其他医疗数据)。[3] 四是深化数据处理技术,欧盟在人工智能算法领域一直处于领先地位,量子计算最新进展使得计算机的数据处理能力呈指数增长趋势[4],并已计划将量子测试和实验的方案应用于一些工业和学术等部门。

风险管控原则。2021 年 4 月发布《人工智能法》提案,核心举措之一就是按照人工智能可能带来的风险高低,将人工智能应用场景分为"最小、有限、高、不可接受"四类风险等级,开展严格的管控。一是最小风险,即法规允许自由使用人工智能的电子

---

[1] White Paper:On Artificial Intelligence — A European approach to excellence and trust. European Commission,Brussels,19. 2. 2020. COM(2020)65 final. Page19 - 20:"Taking into account elements such as the complexity and opacity of many AI systems and the related difficulties that may exist to effectively verify compliance with and enforce the applicable rules, requirements are called for regarding the keeping of records in relation to the programming of the algorithm, the data used to train high-risk AI systems, and, in certain cases, the keeping of the data themselves. These requirements essentially allow potentially problematic actions or decisions by AI systems to be traced back and verified. This should not only facilitate supervision and enforcement; it may also increase the incentives for the economic operators concerned to take account at an early stage of the need to respect those rules. "

[2] White Paper:On Artificial Intelligence — A European approach to excellence and trust. European Commission,Brussels,19. 2. 2020. COM(2020)65 final. Page8.

[3] https://ec. europa. eu/digital-single-market/en/news/communication-artificial-intelligence-europe.

[4] White Paper:On Artificial Intelligence — A European approach to excellence and trust. European Commission,Brussels,19. 2. 2020. COM(2020)65 final. Page5.

游戏或垃圾邮件过滤器等应用,绝大多数的人工智能系统都属于这个类别,对此不作干预,因为这些系统对公民的权利或安全只构成最小风险或没有风险。二是有限风险,即具有透明公开义务的人工智能系统,使用者在使用时应能意识到正在与机器互动,进而做出明智的决定。三是高风险,重点包括8大领域的人工智能应用:①产品安全组件;②关键基础设施,如道路交通、水、气、电力供应等管理和运营;③教育或职业培训;④就业、工人管理和自营职业中的使用;⑤公共服务,如评估自然人信用评分;⑥涉权型执法;⑦移民领域,包括移民、庇护和边境控制管理;⑧司法和民主程序。同时也特别提出所有远程生物辨识系统都被视为高风险人工智能系统。四是不可接受风险,即禁止被认为对人们的安全、生计和权利有明显威胁的人工智能系统,这包括操纵人类行为以规避用户自由意志的人工智能系统或应用(如使用语音辅助的玩具,鼓励未成年人的危险行为)和允许政府进行"社会评分"的系统。[1]

伦理原则。《可信赖人工智能伦理指南》归纳总结出符合欧洲社会发展的四项伦理原则:一是尊重人类自主性,人工智能应遵循以人为中心的设计原则,人与人工智能系统的交互,必须保证人充分的自由和决定权;人工智能不能毫无原则地服从人类,也不应胁迫、欺骗、操纵或奴役人类。二是预防伤害,人工智能系统应该保护人类的尊严和身心健康,不应对人类产生不友好的影响,不能引发或加重伤害。三是公平,人工智能系统的开发、使用和管理,应确保个人或组织不会受到不公平的偏见、歧视等;确保其在应对不同个体取得教育、商品、服务和技术等方面的平等机会上,起到促进作用;确保人工智能所造成的消极影响被"平均稀释"。四是可解释,提高人工智能系统使用的透明度,使人工智能的决策过程、输入和输出的关系在可能的范围内,可向那些直接和间接受影响的人解释;对不可解释的"黑匣子"算法,要增强其可跟踪性、可审核性和相关系统功能的透明。[2]

2.1.2.2 法律法规

相关数据保护和隐私处理的法令。1995年,欧盟通过《个人数据保护指令》

---

〔1〕王婧:《从欧盟〈人工智能法〉提案看我国如何应对人工智能带来的社会风险和法律挑战》,《网络安全与信息化》2021年第8期,第42页。
〔2〕胡凡刚、孟志远等:《基于欧盟AI伦理准则的教育虚拟社区伦理:规范轮构建与作用机制》,《远程教育杂志》2019年第6期,第42页。曹建峰、方龄曼《欧盟人工智能伦理与治理的路径及启示》一文也有近似的伦理原则:尊重人类自主性原则、防止损害原则、公平原则、可解释原则。

(DPD),该指令由欧洲议会和欧盟理事会推出,意在从欧盟和成员国两个层面建立一致的立法依据,为当时欧盟各国立法保护个人数据和保障数据自由流通设立了最低标准。[1] 然而,该指令存在诸多不足,欧盟内部数据自由流动也没有达到预期水平。2012 年 1 月,欧盟委员会发布《通用数据保护条例》(GDPR),对 1995 年《个人数据保护指令》进行全面修订。2015 年 12 月,欧洲议会、欧洲理事会、欧盟委员会三方机构经过讨论和修改,于 2016 年 4 月正式通过《通用数据保护条例》。然而在该条例实施初期,产生了一些负面影响。据英国《金融时报》调查数据显示,74% 被采访企业认为 GDPR 已成为新技术开发过程中的重大障碍,严重影响企业创新。[2] 不仅在数据保护领域,欧盟在隐私处理方面也重视法规的作用。1997 年 9 月,欧盟委员会通过《电信部门个人数据处理和隐私保护指令》。该指令不仅补充了 DPD 的内容,还着重强调电子通信部门的有关保密、安全等原则。2002 年 7 月,欧洲议会和欧洲理事会出台《关于电子通信领域个人数据处理和隐私保护的指令》[3],又被称为《电子隐私指令》(E-Privacy Directive),它弥补了之前指令的不足之处,力图解决包括信息保护、垃圾邮件、传输数据的处理、cookies 等重大问题。随着电子通信技术飞速发展,网络即时通信服务在全球兴起,《电子隐私指令》鞭长莫及。2017 年 1 月,欧盟委员会公布《电子隐私条例(草案)》,其九大目标对亟待解决的问题做了很好的回应。[4] 2021 年 2 月,欧盟成员国就最新修订的《电子隐私条

---

[1] 汪晓风:《网络空间攻与防》,复旦大学出版社 2018 年版,第 66 页。
[2] 中华人民共和国科学技术部:《2020 国际科学技术发展报告》,科学技术文献出版社 2020 年版,第 125 页。
[3] 王沛莹:《科技与法律的博弈——大数据时代的隐私保护与被遗忘权》,电子科技大学出版社 2019 年版,第 135 页。
[4] 见吴沈括、邢政、崔婷婷:《欧盟〈电子隐私条例〉(草案)研究》,《网信军民融合》2019 年第 1 期,第 52 页。"一是《电子隐私条例》作为特别法,将弥补《通用数据保护条例》的不足,确保个人通信的权利与自由得到充分保障;二是《电子隐私条例》取代之前的《电子隐私指令》,给予即时通信、VoIP、电子邮件等 OTT 服务商与传统电信服务商一样的监管框架,实现公平竞争;三是《电子隐私条例》作为保护个人通信的自由和权利的基础性规则,且无须转化为欧盟成员国国内法即可直接适用,兼具强硬性;四是除用户授权或例外规定,所有对电子通信数据的收听、截取、存储、监控、扫描或者其他类型的拦截行为都将被禁止;五是确保主管当局为监管控制目的要求和接收数据的权力不受影响;六是用户的网络行为习惯和设备的秘密性需要得到保护,并简化了 Cookies 规则;七是隐私设置选项通知终端用户,并经过终端用户同意设置;八是隐私的保护不仅包括对电子通信内容的保护,还包括对电子通信元数据的保护,并规定只有在用户同意的情况下才能进行处理;九是更加有效、严厉的执行措施。"

例》(E-Privacy Regulation)达成一致。[1] 该条例的生效,提升了对数字服务的信任和其本身的安全性,标志着欧盟个人隐私保护立法迈入新阶段。

相关机器人和人工智能民事责任的法律提案。2016 年 5 月,欧洲议会法律事务委员会发布《就机器人民事法律规则向欧盟委员会提出立法建议的报告草案》,提出了包括机器人工程师伦理、机器人研究伦理委员会伦理、设计执照和使用执照等内容的"机器人宪章"(Charter on Robotics)。[2] 10 月,欧洲议会法律事务委员会发布《欧盟机器人民事法律规则》(European Civil Law Rules on Robotics),对智能自动机器人、智能机器人、自动机器人做出了界定,并从民事责任角度辨析了机器人能否被视为具有法律地位的"电子人"(Electronic Persons)[3],提出了使人类免受机器人伤害的基本伦理原则。2017 年 2 月,欧洲议会投票通过并向欧盟委员会提出《欧盟机器人民事法律规则》。5 月,欧盟委员会对欧洲议会的法律规则进行评估分析,并公布《机器人民事法律规则后续作为》。[4] 在机器人民事责任方面,讨论责任分担的不同解决方案,也同意考量机器人保险制度等内容。

除了相关领域的法律法规外,欧盟于 2021 年 4 月通过了首个关于人工智能的具体法律框架,即《人工智能法》提案。该提案全面整合了欧盟现有的人工智能相关准则、法规等,基于风险比例方法,为不同风险类型的人工智能系统引入一套符合比例性和有效性的约束规则[5],为全球范围内人工智能的应用与发展制定详细标准,铺平发展道路,确保欧盟在此过程中保持技术竞争力,从而有效加强欧洲作为全球卓越人工智能中心的地位。同时化解人工智能风险,发展统一、可信赖的欧盟人工智能市场,保护欧盟公民基本权利。该提案积极履行《人工智能白皮书》监管措施,不仅对人工智能,如汽车自动驾驶、银行贷款、社会信用评分等系列日常生活中的应用进行规范,还对欧盟执法系统和司法系统使用人工智能的情形提出相应的规制路径,成为欧盟关于人工智能立法实践的积极尝试,对相关领域国际规则

---

[1] 吴沈括、邓立山:《欧盟 2021 年〈电子隐私条例〉草案的制度设计与合规启示》,《中国信息安全》2021 年第 8 期,第 61—63 页。
[2]《欧洲起草"机器人法"》,《国际品牌观察》2017 年第 5 期,第 107—108 页。
[3] 成素梅:《人工智能的哲学问题》,上海人民出版社 2019 年版,第 179 页。
[4] 吴佳琳:《初探人工智慧的民事法律责任——从欧洲议会机器人民事法律规范建议开展》,《科技法律透析》2020 年第 1 期,第 56—57 页。
[5] 李芳、刘鑫怡:《欧盟人工智能立法最新动向》,《科技中国》2021 年第 6 期,第 35 页。

制定具有一定参考价值。

2.1.3　欧盟人工智能机构设置

在欧盟成立之前,欧洲国家已经意识到建立联合、统一的人工智能管理机构的重要性。早在 1974 年,欧洲有关国家发起成立人工智能和行为模拟协会(European Society for AI and the Simulation of Behavior)。[1] 1982 年,欧洲人工智能协调委员会(European Coordinating Committee for Artificial Intelligence)成立。[2] 1993 年,欧盟诞生,其作为独立的政治、经济实体开始推进人工智能的探索。此外,一些欧盟成员国的人工智能的发展,也具有相当的代表性和影响力。

2.1.3.1　欧洲数据保护委员会(European Data Protection Board)

1995 年,欧盟正式颁布《个人数据保护指令》,明确欧洲数据保护监督局作为独立的行政机构,负责监督欧盟机构与组织的个人信息处理工作。欧盟成员国各自设立数据保护监管局,作为欧盟个人信息保护法的各区域分支行政监管机构。在研究机构层面,设置专门的个人信息保护研究机构——"第 29 条工作组",负责持续跟踪研究和报告欧盟个人信息保护发展状况。

2016 年 5 月,《通用数据保护条例》正式生效,改革个人信息保护机构,设立欧洲数据保护委员会[3],其成员由各成员国个人信息保护行政监管机构和欧洲信息保护监督局的负责人或代表组成,秘书处由欧洲数据保护监督局担任。欧洲数据保护委员会正式取代"第 29 条工作组",其提升了欧洲数据保护监督局的权力,及时就欧盟内部涉及个人数据保护规则的立法实施问题向欧盟委员会提供报告和咨询。[4]

2.1.3.2　人工智能高级专家组(High-Level Expert Group on Artificial Intelligence)

2018 年 4 月,欧盟甄选 52 位来自学界、商界与民间团体的代表,成立人工智能高级专家组(以下简称 AI HLEG),起草和制定人工智能伦理原则。同年 12 月,AI

---

〔1〕刘永宽等主编、中国科学院沈阳自动化研究所简明信息技术百科辞典编辑组编:《简明信息技术百科辞典》,知识出版社,1992 年,第 521 页。刘玉芝、游建青等编:《英汉电信缩略语词典》,人民邮电出版社 1994 年版,第 29 页也有 AISB 词条。

〔2〕许宁宁总主编:《行为科学百科全书》,中国劳动出版社 1992 年版,第 541 页。

〔3〕现任主席是奥地利籍安德里亚·耶利内克(Andrea Jelinek)。

〔4〕孙宝云、漆大鹏主编:《网络安全治理教程》,国家行政管理出版社 2020 年版,第 165 页。

HLEG 发布《可信赖人工智能伦理指南草案》,通过公开咨询方式,收到 500 多条建议。

2019 年 4 月,AI HLEG 发布《可信赖人工智能伦理指南》(《下称伦理指南》),提出人工智能系统值得信赖的 7 项关键要求:人类代理和监督;技术稳健性和安全性;隐私和数据治理;透明;多样性、非歧视和公平;社会和环境福祉;问责制。[1] 6 月,第一届欧洲人工智能联盟大会公布了这一工作成果。大会过后,欧盟委员会将 AI HLEG 的任务期限延长了一年,增加其工作内容,并开展《伦理指南》试点工作。6 月 26 日,AI HLEG 编写了《可信赖人工智能的政策和投资建议》,涉及公共部门、医疗保健和制造、物联网这三个特定应用领域的 33 条建议。[2] 2020 年 7 月,根据反馈结果,AI HLEG 提交了《伦理指南》最终版本。AI HLEG 工作对于欧盟委员会人工智能发展至关重要,其建议已成为欧盟委员会及其成员国采取决策的资源和依据。

2.1.3.3 欧洲人工智能委员会(European Artificial Intelligence Board)

2021 年 4 月,欧盟委员会公布《人工智能法》提案,明确提出完善欧盟和成员国层面的治理体系,设立欧洲人工智能委员会,主导欧盟人工智能治理,促进监管规则实施,推动标准制定,发布关于实施法规的意见和解释性指导,并协调各成员国确保规则的一致使用。委员会由欧盟委员会和成员国国家监管机构的相关人员组成,负责在成员国之间收集和分享最佳实践,推进成员国之间统一行政管理,向欧盟委员会提供建议等[3],促进人工智能新规则顺利、有效和统一实施。

2.1.3.4 欧盟成员国相关机构设置

欧盟成员国设置各自专门负责人工智能发展的机构,如法国人工智能战略委员会、德国数据伦理委员会等,负责协助政府制定国家人工智能战略,也将通过出台条例法规更好地促进科学机构和科技人才发挥潜力。

2017 年初,法国提出大力发展本国人工智能,并成立法国人工智能战略委员会,由前总统奥朗德亲自关注,前主管数字与创新事务的国务委员和前主管国民教

---

[1] https://digital-strategy.ec.europa.eu/en/library/ethics-guidelines-trustworthy-ai.

[2] AI. High-Level Expert Group on Artificial Intelligence:"Policy and Investment Recommendation for Trustworthy",26.6.2019.

[3] 李芳、刘鑫怡:《欧盟人工智能立法最新动向》,《科技中国》2021 年第 6 期,第 37 页。

育、高等教育与研究事务的国务秘书共同挂帅，汇集学术界、产业界和社会人士等各界力量组成，共同研究人工智能发展战略。[1] 2018 年 11 月，发布《人工智能研究战略》，从牵头机构、人才支撑、计算能力、产学合作及国际合作等维度提出了具体举措。[2] 2019 年，推进《人工智能研究战略》落地实施。法国在人工智能跨学科研究所 150 个高级研究人员的基础上，再设立 40 个研究人员职位，加强人工智能人才吸引和培养。深化与德国在人工智能领域的合作。至 2022 年，增拨 1 亿欧元资助人工智能研究，与欧盟共同投入 1.7 亿欧元加强人工智能基础设施建设，推动科研机构与企业加强合作研究。[3]

2018 年，德国数据伦理委员会负责为德国联邦政府制定人工智能数字社会的道德标准和具体指引。2019 年 10 月，委员会发布"针对数据和算法的建议"，旨在回答围绕数据和人工智能算法提出的系列问题并给出政策建议。《建议》侧重于数据和算法的监管，突出了协同治理、分级监管、多样化监管的理念。其围绕"数据"和"算法系统"展开，包括一般伦理与法律原则、数据、算法系统、欧洲路径四部分内容。德国数据伦理委员会在论及欧洲未来的人工智能发展时提出，在未来的全球竞争中，面对技术和商业模式的快速更迭，捍卫数字主权不仅是一种政治上的远见，还是一种必要的道德责任外化。德国乃至全欧盟成员国，应努力成为全球规则的制定者而不是接受者。[4]

2.2 美国

人工智能以及相应的公共治理政策在未来几年都有可能得到迅速发展，在规

---

[1] 中华人民共和国科学技术部编著：《2018 国际科学技术发展报告》，科学技术文献出版社 2018 年版，第 172—173 页。

[2] 见中华人民共和国科学技术部编著：《2019 国际科学技术发展报告》，科学技术文献出版社 2019 年版，第 121—122 页："一是由国家信息科学与自动化研究牵头实施国家人工智能计划，加速人工智能生态体系的构建；二是启动人才吸引与支持计划，增加赴法开展人工智能联合研究的名额，将人工智能博士人员培养规模扩大为现在的 2 倍；三是向国家科学研究署(ANR)追加 1 亿欧元投入，用于高水平人工智能研发项目；四是加强计算能力建设与服务；五是加强政产学研合作研究；六是加强双边、欧洲与国际范围内的合作研究，尤其重视与德国的合作，并积极响应欧盟人工智能战略相关倡议。"

[3] 中华人民共和国科学技术部编著：《2020 国际科学技术发展报告》，科学技术文献出版社 2020 年版，第 216—217、220—221 页。

[4] https://algorithmwatch.org/en/germanys-data-ethics-commission-releases-75-recommendations-with-eu-wide-application-in-mind/.

制政策方面，即所谓人工智能治理，美国政府采取"轻干涉"原则，即在人工智能没有对社会产生实质性影响之前，允许相关的研发应用活动自由开展；为人工智能的创新发展扫清法律上的障碍，及时评估并且废除可能影响人工智能发展的法律法规。即使存在对人工智能进行规制的必要，政府所采取的手段也是以非强制性的措施为主，避免使用强制性的监管手段。在产业政策方面，采取以市场为主导的人工智能创新模式，同时政府大力支持人工智能相关的研发应用活动，支持联邦政府各部门加大对人工智能发展的投入，鼓励各部门在其职能活动中使用人工智能，并与市场主体、学界以及研究机构展开广泛的交流合作。为了确保美国在人工智能领域的领先地位，美国政府出台了一系列战略文件，包括国会立法、行政命令以及联邦各机构的报告，而且做出了长期的规划，划定了人工智能相关的重点政策事项。在机构设置方面，美国政府成立了专门的人工智能治理机构，对政府和企业研发应用人工智能进行指导，同时原有的联邦机构则负责各自领域内人工智能的治理工作。

2.2.1 美国的人工智能国家战略

美国《国家人工智能计划》（简称《计划》）是根据 2021 年 1 月国会通过并生效的《国家人工智能计划法案》（National Artificial Intelligence Initiative Act of 2020）而提出。提出该《计划》的主要目的是：确保美国在人工智能研发方面的领先地位；在公共和私营部门开发和使用可信赖的人工智能系统方面处于世界领先地位；为当前和未来的美国劳动力做好准备，将人工智能系统整合到经济和社会的所有部门；协调所有联邦机构正在进行的人工智能行动，以确保每个机构都了解其他机构的相关工作。《计划》要求持续支持人工智能研发、人工智能教育和劳动力培训计划、跨学科人工智能研究和教育等活动，规划和协调联邦机构间的人工智能活动，与广泛的利益相关者开展活动，利用现有的联邦投资来推进计划设定的目标，支持跨学科人工智能研究机构网络，并提供在可信人工智能系统的研发、评估和资源分享方面与战略盟友进行国际合作的机会。

《计划》强调政府通过与学术界、产业界、非营利组织和民间社会组织合作，以加强和协调美国所有部门和机构在人工智能研究、开发、示范和教育等方面的活动。《计划》的内容主要分为六个战略支柱——创新、推进可信赖的人工智能、教育和培训、基础设施、应用以及国际合作。

2.2.2 美国的人工智能相关准则

2.2.2.1 美国的人工智能横向规则

目前为止,美国尚未有联邦层面人工智能相关的法律法规出台。不过在州层面,有一些零星的立法就人工智能治理中的部分问题进行了规定。

除了纵向层面联邦与州立法的区别,在横向层面也可以区分与人工智能间接相关的数据保护立法,以及与人工智能或算法直接相关的法律法规。

1. 数据保护相关法律法规

在联邦层面,美国并没有单一的数据保护成文立法。相反,在联邦与州层面,有许多与个人数据保护相关的分散立法。在联邦层面,《联邦交易委员会法》(Federal Trade Commission Act))赋予了联邦交易委员会广泛的执法权——通过禁止不公平或欺骗性的行为来保护消费者并落实联邦有关隐私以及数据保护的政策。联邦贸易委员会的政策明确表示,企业没有遵守其发布的隐私承诺或者没有提供充足的个人信息保护措施,都将被归入"欺骗性行为"而受到规制。此外,一些联邦层面的专门法律法规中——主要在金融服务、医疗保健、电信以及教育等领域,也有关于数据保护的内容。

在州层面,也有诸多与处理数据或者个人信息相关的立法。不同州的立法表现出对数据保护不同重点的关注。例如,马萨诸塞州的《州居民个人信息保护标准》提出,任何处理本州居民个人信息的实体,都应当建立并维持一个全面的信息安全保障书面计划,建立并维持一个满足八项核心要求的正式信息安全保障系统。伊利诺伊州的《生物信息隐私法案》赋予个人就隐私侵权行为的起诉权,而且隐私遭受侵害的个人无需证明其存在实际损失等。

2. 人工智能与算法相关法律法规

与数据保护立法相似,目前联邦层面也没有出台人工智能或算法相关的正式法律法规。不过,已经有算法相关的法案正在国会审议,将来可能会成为正式的法律。为了落实人工智能优先发展的理念,美国总统管理与预算办公室和科学技术政策局共同制定了一个政府监管的原则性框架——《人工智能应用监管指南》(Guidance for Regulation of Artificial Intelligence Applications),供各联邦机构在制定人工智能正式或非正式监管措施时进行参考，以"避免那些阻碍人工智能创新的不必要监管行动"。

目前正在国会审议的法案为《算法问责法案》（Algorithmic Accountability Act），是对 2019 年《算法问责法案》的更新版本。如果被国会审议通过，该法将会成为美国首个联邦层面的人工智能法案。该法案要求科技企业在使用自动化决策系统做出关键决策时，对偏见、有效性和相关因素进行系统化的影响评估；首次规定联邦贸易委员会应当创建自动化决策系统的公共存储库，里面包括自动化决策系统的数据源、参数以及对算法决策提出质疑的记录；建议联邦贸易委员会增加 50—75 名工作人员，成立一个专门的技术局来执行该项立法；提出了一些新的关键术语，例如"关键决策""增强型关键决策过程"等。

除了法律法规，《人工智能应用监管指南》（简称《指南》）对于美国将来可能制定的人工智能规制措施具有重要意义。在指导思想上，《指南》提出，各机构应"考虑采取措施以减少在开发和应用人工智能技术方面的障碍"，并应"避免那些阻碍人工智能创新的不必要监管行动"。就此而言，美国政府希望有关机构和利益相关方认为人工智能技术是中性无害的，直到它的危害被实践证明。同时，《指南》鼓励联邦机构、各州以及地方政府澄清已经颁布的、与人工智能有关的"不一致、重复且繁重的"法律。表明美国政府不仅对出台专门的法律来规制人工智能持谨慎态度，甚至希望限制现有法律适用于人工智能应用与发展，以区别人工智能和其他领域的监管模式。更重要的是，《指南》鼓励机构采取非正式的监管手段，这意味着美国政府更愿意通过软法来治理人工智能。《指南》中指出，这些非正式监管手段可以包括：特定行业的政策指南、手册或者自主激励框架。此外，项目试点、自愿性标准以及评估程序等方法也被重点推荐。事实上，在《指南》出台之前，各联邦机构和部门已经开始采取《指南》中所建议的监管方式，而《指南》的出台只是确认了这些监管措施的合理性。奥巴马政府早期对自动技术（无人驾驶汽车、无人机和某些先进医疗设备）的监管理念就以转向软法治理为主。例如，尽管奥巴马政府时期的交通部曾考虑过对自动驾驶汽车的技术创新采取上市前审批制度，但该机构并没有采取正式的监管行动。在特朗普政府时期，美国交通部再次修订联邦自动驾驶政策时，它采用了一种更加软性监管为导向的方法。事实上，从 2016 年起，美国交通部就一直通过分散的指导文件的形式发布自动驾驶汽车的道路规则,而且这些指导文件被"版本化",就像计算机软件有 1.0、2.0、3.0 版本。美国交通部在 2020 年 1 月发布了《美国交通部自动驾驶汽车指南 4.0 版》。文件始终强调美国政府如何计划利用各种联邦项目和资源来帮助开发自动驾驶技术。这些文件更像是给开发者的友好建议,而不是需要其担心的限制措施。

在州层面,截至 2021 年至少已有 17 个州提出了一般性的人工智能法案或决议,并在阿拉巴马州、科罗拉多州、伊利诺伊州和密西西比州获得通过。例如,科罗拉多州的立法提出,"禁止保险公司使用任何引发种族、肤色、民族或民族出身、宗教、性别、性取向、残疾、性别认同或性别表达等方面偏见的外部消费者数据和信息源,以及使用这些外部消费者数据和信息源的任何算法或预测模型"。伊利诺伊州修改《人工智能视频面试法》,规定仅依靠人工智能来决定应聘者是否有资格参加当面面试的雇主必须收集并向商务和经济机会部报告特定人口统计信息,要求该部门分析数据,并向总督和大会报告数据是否暴露了人工智能使用中的种族偏见等。

2.2.2.2 美国的人工智能纵向规则

美国对人工智能的治理主要采取软法的方式,因此各联邦部门出台了一系列的治理原则、指南以及最佳实践(Best Practice)等文件。在治理方式上,美国采取一种各部门分散式治理的方式。特朗普时期发布的两项总统行政令,分别为 13859 号和 13960 号行政令,提出了政府使用人工智能的基本要求。在此基础之上,各部门可以制定各自的人工智能治理原则或指南。既可以针对政府部门自身使用人工智能的行为,也可以是针对私营部门使用人工智能的行为。此类纵向规则主要有:

1. 国防部人工智能伦理准则(The Department of Defense AI Ethical Principles)

国防部的人工智能伦理准则应用于军用或非军用人工智能,遵守伦理准则有助于国防部兑现其在法律、伦理以及政策方面的承诺。国防部的人工智能伦理准则包括五个方面:

一是负责。国防部人员将对人工智能应用活动进行研判,同时继续对人工智能功能的开发、部署和使用行为负责。

二是公平。该部门将采取详尽的措施,尽量减少人工智能应用中非意图的偏见。

三是可追溯。国防部在开发和应用人工智能的过程中,将确保相关人员对人工智能的技术、开发过程和操作方法有适当的了解,这些内容包括透明和可审计的方法、数据来源以及设计程序等文件。

四是可靠。国防部部署的人工智能将有明确定义的用途,并且这些应用的安全性、可靠性和有效性将在其应用的整个生命周期中持续接受测试和得到保证。

五是可治理。该部门将设计人工智能应用以实现其预期功能,同时拥有发现和避免意外后果的能力,以及脱离或停用表现出意外行为的已部署系统的能力。

2. 情报部门人工智能伦理准则(Principles of Artificial Intelligence Ethics for the Intelligence Community)

情报部门的人工智能伦理准则旨在指导相关人员是否以及如何开发和使用人工智能以及机器学习,以推进情报部门的使命。准则是对情报部门职业道德原则的补充,并不修改或取代已经适用的法律、行政命令或政策。准则还阐明了情报部门在行使其权力时应遵循的一般规范。情报部门在设计、开发和使用人工智能时需遵循以下原则:

一是遵守法律。我们将以尊重人类尊严、权利和自由的方式使用人工智能。我们对人工智能的使用将完全遵守既有的法律以及保护隐私、公民权利和公民自由的政策和程序。

二是透明负责。我们将在法律、政策以及情报部门透明准则允许的范围内,就我们的人工智能方法和应用情况向公众和我们的客户进行适当的公开。我们将制定并采取措施来为人工智能的使用确定责任并为其结果提供问责。

三是客观公正。根据提供客观情报的承诺,我们将采取积极措施来识别和减轻偏见。

四是以人为本的开发和使用。我们将开发和使用人工智能来保卫我们的国家安全和加强我们信赖的伙伴关系。在使用人工智能技术辅助判断时,情报部门将会适时结合人工判断,特别是当一项行动有可能剥夺个人宪法权利或干扰他们的公民自由时。

五是安全稳健。我们将开发和采用最佳实践，以最大限度地提高人工智能设计、开发和使用方面的可靠性、安全性和准确性。我们将采用最佳安全实践来确保稳健性并尽量减少恶意攻击的危害。

六是紧跟前沿。我们将促进整个情报部门与更广泛的科学和技术部门的沟通，以利用公共和私营部门的最新研究进展和最佳实践。

3. 医疗设备结合机器学习的最佳实践：指导原则（Good Machine Learning Practice for Medical Device Development：Guiding Principles）

美国食品和药物管理局联合加拿大卫生部、英国药品和保健品监管局共同制定了 10 项医疗设备结合机器学习的指导原则，有助于推广应用机器学习技术的医疗设备，确保其安全、有效和高质量。

一是在产品的全生命周期内充分应用多学科专业知识：深入了解模型与临床工作流程的结合所预期产生的好处和患者风险，可以帮助确保人工智能赋能的医疗设备在全生命周期内安全有效，并能够解决具有临床意义的问题。

二是优良的软件工程和安全措施：机器学习模型的设计要注重"基础"，包括良好的软件工程、数据质量、数据管理和稳健的网络安全措施。建立能够捕捉和传达设计、实施过程中相关决策及其基本原理的详尽的风险管理机制和过程设计，并确保数据的真实性和完整性。

三是临床数据集对预期患者人群具有代表性：数据收集协议应确保预期患者人群的相关特征（例如，年龄、性别、种族和民族）在训练和测试数据集中有足够大小的样本体现，因而相关的结果可以合理地推广到被应用的人群。这对于管理可能的偏见、在目标患者群体中进行适当的推广、评估可用性以及识别出模型可能表现不佳的情况等方面的问题非常重要。

四是训练数据集独立于测试集：训练数据集和测试数据集应该相互独立地选择和保存。所有潜在的数据来源，包括患者、数据收集和地点等因素，在处理过程中都要确保独立性。

五是参考数据集的选择需基于最佳可行方案：确保用于开发参考数据集的公认的最佳可行方案（即参考标准），所收集的数据是临床相关的，且具有充分代表性的，并且参考标准的局限性也是明确的。如果可行，可以在模型开发和测试中使用公认的参考数据集，以证明模型在预期患者人群中的稳健性和普遍性。

六是模型设计需根据可获得的数据进行调整并反映设备的预期用途：模型设计需要根据可获得的数据集进行调整，并且能够主动缓解已知的风险，比如过度拟合、性能下降以及安全风险等。与产品相关的临床益处和风险已得到充分理解，根据相关信息可以得出具有临床意义的性能测试目标，并确保产品可以安全有效地实现其预期用途。相关的考虑因素包括设备在全球或本地范围使用时的表现差异，以及输入与输出数据、预期患者人群和临床使用条件等方面的不确定性。

七是关注人类与人工智能协作的团队表现：在模型有人工介入的情况下，对人为因素和模型输出结果的可解释性问题需要重点考虑人类与人工智能团队协作的表现，而不仅仅是孤立的模型的性能。

八是通过临床条件下的测试展示设备性能：研究和执行具有统计意义的测试计划，以获得独立于训练数据集生成的临床相关的设备性能信息。开发时需考虑因素包括：预期的患者人群、重要的亚群、临床环境、人类-人工智能协作、测量输入以及潜在的扰动因素。

九是为用户提供清楚和必要的信息：用户可以随时访问适合目标受众（例如医疗保健提供者或患者）的清晰且符合情境的信息，包括：产品的预期用途和使用指示、模型用于适当亚群时的性能、用于训练和测试模型的数据特征、可接受的输入信息、已知的界限、用户界面交互以及模型与临床工作流程的结合。用户还可以从真实世界的性能监测中了解到设备的修改和更新信息，在有条件的情况下了解决策的依据，并有办法将产品的问题传达给开发者。

十是监督被部署的模型并控制再训练的风险：部署的模型应该能够在现实世界的使用中受到监控，注重维持和改进模型的安全和性能。此外，当模型在部署后需要定期或持续训练时，应该有适当的控制措施来管理可能影响模型安全性和性能的风险因素，例如在人机协作过程中产生的过度拟合、非意图歧视或者模型退化（例如，数据漂移）等问题。

2.2.3 美国的人工智能机构设置

美国的人工智能治理权力结构呈现一种分散的模式，各联邦部门或机构具有对在其职权范围内的人工智能研发应用活动的管理权力，同时美国国会还通过专门立法,设立专门的治理机构来协调各联邦机构、各级政府之间的人工智能治理行动,为各类人工智能行动提供政策咨询与资源支持。主要有:

2.2.3.1　国家人工智能计划办公室(NATIONAL ARTIFICIAL INTELLIGEN-CE INITIATIVE OFFICE)

国家人工智能计划办公室隶属于白宫科学技术政策局,其根据《国家人工智能计划》而建立,以协调和支持《计划》的实施。办公室主任由白宫科学技术政策局主任任命。主要的任务是:

一是为人工智能特别委员会和国家人工智能计划咨询委员会提供技术和行政支持;二是监督《计划》实施的跨机构协调;三是作为各联邦部门和机构、产业界、学术界、非营利组织、专业协会、州和部落政府等的中心联络点,交流与《计划》相关的技术以及程序信息;四是定期向不同的利益相关者提供外展服务;五是促进从《计划》活动中获得的技术、最佳实践和专业知识等应用到整个联邦政府的机构和系统中。

2.2.3.2　人工智能特别委员会(SELECT COMMITTEE ON AI)

人工智能特别委员会成立于2018年,是监督《计划》实施的跨机构人工智能机构。特别委员会由科技政策办公室主任,和每年轮换一次的商务部、国家科学基金会或能源部的代表共同担任主席。

建立特别委员会的目的是为国家科技委员会(NSTC)提供咨询和协助,以提高与人工智能相关的研发、示范、教育和劳动力发展等方面工作的整体效率和生产力;处理跨机构的重大国家和国际政策问题,并为机构间的人工智能活动和政策的协调提供正式机制。

特别委员会将采取行动协调联邦政府与人工智能相关的工作,以确保美国在该领域的持续领导地位。职责包括:机构间人工智能研发的优先事项向总统执行办公室提供建议;创建平衡和全面的人工智能研发计划;建立与学术界、工业界和国际盟友的机构合作关系;建立机制以改进联邦政府规划和协调人工智能研发的方式;利用跨部门和机构的联邦数据和计算资源;支持国家人工智能劳动力发展。

2.2.3.3　国家人工智能咨询委员会(NATIONAL AI ADVISORY COMMITTEE)

国家人工智能咨询委员会的任务是就与《计划》相关的主题向总统和国家人工

智能计划办公室提供政策咨询。在开展这项工作时,国会已指示为会员就以下主题提供建议:美国人工智能竞争力的现状;实施《计划》的进展;围绕人工智能的科学研究状况;与人工智能劳动力相关的问题;如何充分利用《计划》提供的资源;更新《计划》的需要;平衡与《计划》有关的活动和资金;《国家人工智能研发战略规划》的充分性;《计划》的管理和协调活动;解决社会问题的充分性;国际合作机会;法律责任以及权利;如何为不同的地理区域提供机遇。

2.2.3.4 国家人工智能咨询委员会法律执行分会(NATIONAL AI ADVISORY COMMITTEE'S SUBCOMMITTEE ON LAW ENFORCEMENT)

根据国会的指示,国家人工智能咨询委员会内部将成立一个分会来审议在执法中使用人工智能相关的事项。该分会将就人工智能相关的歧视、数据安全、隐私保护、公民权利与自由等工作,以及人工智能是否可以用于安防和执法领域等问题向总统提供建议。

2.2.3.5 人工智能研发跨机构工作组(AI R&D INTERAGENCY WORKING GROUP)

人工智能研发跨机构工作组成立于 2018 年,旨在协调 32 个参与人工智能研发的联邦机构,并支持人工智能特别委员会的活动。根据《国家人工智能研发战略计划:2019 年更新》的八个战略优先事项,工作组负责收集人工智能专家的建议,以确保政府对人工智能研发的投资能够转化为创新性的应用,并帮助美国政府应对国际挑战,为国家发展提供战略机遇以及提高美国在人工智能方面的领导地位和全球竞争力。

2.2.3.6 国家人工智能研究资源库工作组(NATIONAL ARTIFICIAL IN-TELLIGENCE RESEARCH RESOURCE TASK FORCE)

《计划》要求美国国家科学基金会(NSF)与白宫科技政策办公室合作,组建国家人工智能研究资源库(NAIRR)工作组,并制定详细说明如何建立和维持资源库的路线图。NAIRR 工作组由来自政府、学术界和私营部门的成员组成,需要向国会提交一份报告,讨论 NAIRR 的所有权归属和管理;治理模式;建立资源库所需的能力;更好地传播高质量政府数据集的途径;安全需求;对隐私、公民权利和公民自由影响的评估;以及维持资源的计划等方面的问题。在整个工作过程中,工作组的咨询意见来自政府机构、私营企业、学术界以及公民和残疾人权利组织的一系列专家和利益相关者；并时刻关注那些利用云计算资源且联邦政府资助的人工智能研发项目的进展情况。

2.2.3.7 人工智能卓越中心(AI Center of Excellence)

根据《2020人工智能政府法案》(AI in Government Act of 2020))的要求，成立人工智能卓越中心，中心隶属于国家总务管理局。建立中心的目的在于：促进联邦政府对人工智能的应用；提高联邦政府在利用人工智能方面的协调能力和使用能力；通过人工智能的应用提高联邦政府运作能力和效率。

2.3 英国

英国作为全球重要的技术创新中心之一，在人工智能发展史上做出过重要贡献。目前，英国对人工智能公司的私人资本投资排名世界第三(2019年达到近25亿英镑)，也是欧洲人工智能公司总数的三分之一。英国已经形成了以伦敦、剑桥、爱丁堡等高校集中城市为中心的人工智能产业集群，不仅拥有像"DeepMind""SwiftKey""Babylon"等在人工智能领域占有重要地位的科技公司，同时还孕育了"Cleo""Mindtrace"等在理财、自动驾驶行业开拓的人工智能初创公司。值得一提的是，英国全球顶尖的高等教育体系所形成的人才培养和科研转化机制，为其人工智能的发展提供了坚实、强大的科研能力和人才支撑。[1] 同时，英国也重视人工智能治理与伦理，一方面，与欧盟治理模式相吻合，基本遵从自上而下的体系架构，侧重于从人工智能数据监管着手，进行管控。另一方面，英国人工智能治理与英国创新性文化相融合，一是治理目的旨在促进技术应用的可持续创新；二是致力于治理模式创新。

2.3.1 英国的人工智能国家战略

2.3.1.1 英国人工智能行业新政(AI Sector Deal)

英国政府于2018年4月发布了《人工智能行业新政》(AI Sector Deal)。人工智能行业新政是英国政府大工业战略的一部分，旨在推动英国成为全球人工智能领

---

〔1〕罗羽、张家伟：《英国更注重人工智能基础性研究》，《经济参考报》2019年第3期。

导者[1],并将联合美国科技巨头、欧洲电信公司、日本风投公司,共同为英国的人工智能行业投资 10 亿英镑。主要在五个方面:一是原创性(idea),推动英国成为全球领先的创新经济体(Innovate Economy);二是人(People),所有人都有好的工作和更大的收入能力;三是基础设施(Infrastructure),英国基础设施的重大升级;四是商业环境(Business environment),创业和成长的最佳场所;五是地方(Places),英国各地繁荣的社区。另外,其投资内容包括国内外科技公司投资计划、扩建阿兰图灵研究所、创立图灵奖学金推动一系列人工智能风险投资[2]公司在英国设立机构;人工智能研究项目立项;开放人工智能超级计算机商等。同时,该新政启动了数据伦理与创新中心的建设,希望以此引领全球人工智能伦理研究。

该新政推出以来,已经取得了一些成绩。比如,日本风险投资公司 Global Brain 宣布在英国建立欧洲总部,并计划向英国人工智能初创公司注资大约 3500 万英镑;加拿大风险投资公司 Chrysalix 将在英国设立办事处,并投资 1.1 亿英镑用于发展人工智能和机器人。与此同时,剑桥大学同意开放其价值 1000 万英镑的人工智能超级计算机,并将其用于商业用途。

2.3.1.2 英国国家人工智能发展战略(National AI Strategy)

2021 年 9 月,英国政府发布《国家人工智能战略》,提出了三个核心行动支柱及一系列措施,致力于为英国未来十年人工智能发展奠定基础。在战略愿景方面提出一是激发英国人工智能领域重大创新及其商业化应用;二是从人工智能赋能工业化拉动经济及促进生产力增长;三是建立世界上最值得信赖和支持创新的人工智能治理体系。

三个核心行动支柱为:一是人工智能生态系统建设的长期投资与规划,以持续保持英国作为科学和人工智能强国的领导地位;二是支持向人工智能赋能经济转型,确保人工智能惠及所有产业和地区;三是着力于人工智能技术的治理,保护公众利益和基本价值观。该战略短期、中期、长期部署及相应措施中,重要措施

〔1〕司金:《人工智能的发展方向》,《产权导刊》2019 年第 4 期。
〔2〕王秋蓉、李艳芳:《抢占未来制高点——世界主要国家人工智能发展与治理政策扫描》,《可持续发展经济导刊》2019 年第 7 期。

有[1]：一是启动国家人工智能研究和创新计划,促进英国研究人员间的协调与合作,在提升英国人工智能能力的同时,提高商业和公共部门对人工智能技术的使用率及其市场化的能力;二是启动人工智能联合办公室(OAI)建设和英国研究与创新(UKRI)计划,继续在全国范围内发展人工智能,并侧重于人工智能的商业化,而政府可以将投资、研究人员和开发人员集中在目前使用人工智能技术不多但潜力巨大的领域;三是与 UKRI 联合审查英国研究人员和机构的算力可用性和容量,包括推动人工智能技术大规模推广所需的物理硬件以及比如环境可持续等更广泛需求;四是知识产权局(IPO)发起人工智能版权和专利的保护制度研究,确保英国在版权和专利制度下最好地支持人工智能的开发和使用;五是构建人工智能标准中心协助英国政府参与制定全球规则,与艾伦图灵研究所合作不断设计与更新适用于人工智能的伦理原则和安全指南,并研究实用的治理工具确保人工智能技术的使用符合伦理规范。

2.3.2 英国的人工智能有关准则

2.3.2.1 英国的人工智能原则

2018 年,英国上议院发布了一份长达 183 页的报告《人工智能在英国:充分准备、意愿积极、应对能力》(AI in the UK:ready, willing and able?),其中强调了英国应该重视人工智能的伦理和其社会影响,并提出了人工智能发展应遵守的 5 条伦理准则:人类有益性、人工智能可解释性与公平性、人工智能安全性、人工智能数据权力与隐私以及人工智能社会教育。这五大准则也正式成为英国发展人工智能所必须遵守的伦理准则,也成为英国人工智能治理规则体系的价值基础。

2.3.2.2 英国的人工智能横向规则

2.3.2.2.1 横向法律刚性规则

在法律法规上,英国主要是从数据着手构建人工智能治理体系。英国的数据保护法律体系早在 1998 年建立,随着 2018 年欧盟《通用数据保护条例》(GDPR)出台后,也相应地对《1998 年数据保护法》进行了修订,并于 2018 年 5 月发布了《2018年数据保护法》,该法增强了 GDPR 的内容,例如增加了未经数据控制者同意,故意

---

[1] 司金:《人工智能的发展方向》,《产权导刊》2019 年第 4 期。

或鲁莽获取、重新分配或保留个人数据的刑事处罚条例等。英国脱欧后，根据《2018年欧盟（退出）法案》，再次对《2018年数据保护法》进行了修订，一方面将欧盟法律相关内容转换为英国本土法律；另一方面，删除了某些由于英国不是欧盟成员而不再需要的条款。

在自动驾驶领域，2018年英国出台了相关保险制度的法律《自动化与电动化汽车法》。法案根据"单一承保模型"，在自动驾驶事故中的受害方（包括合法地将车辆控制权交给自动驾驶系统的司机）可以直接向保险公司索赔，而保险公司则可以依据产品责任法或其他现行法向直接责任人进行追偿。[1]

2.3.2.2.2　横向柔性规则

在国家层面，2019年6月，英国数据中心办公室（Central Digital and Data Office）和人工智能办公室（Office of Artificial Intelligence）发布了《人工智能伦理与安全指导文件》作为《数据伦理框架》（the Data Ethics Framework）的补充和完善。内容包括对各类人工智能行业从业人员提出重视伦理问题，并提出制定伦理价值框架及形成可操作的伦理规范等方面的要求。

2021年12月，英国数据伦理与创新中心（CDEI）发布全球首份人工智能保障生态系统路线图（以下简称《路线图》），提出了着力于构建英国人工智能合乎伦理发展的总体框架和行动路径，并明确了开展工作的关键领域和利益攸关方，以及审计、认证、评估、合规、问责等治理工具和手段，从而整合成为一个有利于防范整个供应链中的潜在风险，确保安全和符合伦理的应用，并增强产品竞争力的综合性人工智能保障生态系统。

2.3.2.3　英国的人工智能纵向规则

2.3.2.3.1　公共服务领域

2019年3月，英国政府发布人工智能和公共标准（Artificial Intelligence and Public Standards），旨在通过出台一系列应用原则，确保人工智能技术能被安全用于公共事务领域。2020年1月，英国政府数字服务（GDS）和人工智能办公室联合发

---

[1] 曹建峰、张嫣红：《〈英国自动与电动汽车法案〉评述：自动驾驶汽车保险和责任规则的革新》，《信息安全与通信保密》2018年第10期。

布《在公共部门使用人工智能的指南》。主要内容，一是帮助政府评估使用人工智能是否能满足公众需求；二是帮助公共部门以最好的方式使用人工智能；三是指导政府以合乎道德、公平和安全的方式运用人工智能。2020年6月，英国人工智能办公室发布《人工智能采购指南》。该指南由人工智能办公室与世界经济论坛、政府数字服务（GDS）、政府商业职能和皇冠商业服务合作制定，包括"人工智能采购十大指南"与"采购流程中特定于人工智能的注意事项"两大部分，旨在指导公共部门如何购买人工智能技术，以及如何应对采购过程中可能出现的挑战。

2.3.2.3.2 医疗健康领域

2019年2月，英国政府发布英国国家医疗服务体系（NHS）使用人工智能（AI）系统的新行为准则（New code of conduct for artificial intelligence (AI) systems used by the NHS）。该准则鼓励科技公司达成共识，以最高标准保护患者数据，让供应商在伦理合规的前提下，更容易开发技术，着重解决医疗保健领域的一些重大问题，如痴呆症、肥胖和癌症，并帮助卫生和护理提供者选择有效和安全的技术，以改善公共卫生服务。

2.3.2.3.3 技术标准

2021年11月，英国中央数字和数据办公室发布算法透明度国家标准，以降低算法风险，提升公众信任。该标准分为两层：第一层是对算法工具的简要描述，包括该工具的使用方法与使用原因；第二层包含更详细的信息，包括该工具的工作方式、用于训练模型的数据集和人工监督水平。并将在未来几个月内，在多个政府部门和公共部门机构中开展试点。试点结束后，政府与数据伦理与创新中心（Centre for Data Ethics and Innovation）将对该伦理标准进行重新评估，并计划于2022年寻求数据标准局的正式认可。

同时，英国标准协会（BSI）参与创立了ISO27001信息安全领域认证，涵盖了人工智能数据标注软件的开发维护服务的安全管理等内容。ISO27001是当今国际上最权威、最严格，也是最被广泛接受和应用的信息安全领域的体系认证标准，也成为了目前人工智能数据安全领域的金标准。[1] 与此同时，BSI也在研发

---

〔1〕 李悦、林品、刘琦：《网络安全等级保护标准与ISO27001对比分析》，《信息技术与标准化》2018年第8期.

ISO37106：智慧城市可持续发展运营管理模型指南，以辅助城市管理者建立智慧城市和社区确定整体目标、发展战略和宏观管理体系，明确以开放、协同、以用户和市民服务为中心，同时采用多种多样数字化技术手段的智慧城市/社区实施管理模型。

2.3.3 治理架构

2017年起，英国为推进人工智能治理方面的工作，在英国中央政府与议会设立了4个组织机构形成英国人工智能治理核心架构（见图1）。这4个机构分别为：人工智能办公室（Office for Artificial Intelligence）、人工智能理事会（AI Council）、数据伦理与创新中心（Centre for Data Ethics and Innovation）以及人工智能特别委员会（Select Committee on Artificial Intelligence）。其中，打破传统部门间的壁垒，建设跨部门协作的新型组织机构，是英国人工智能治理架构的主要特征。这种跨部门协作的创新机制运作更为灵活，是以人工智能治理任务为主导进行多部门资源调配，从而极大增加治理工作效率。例如，人工智能办公室为政府跨部门协作的行政组织，同时成立非法定机构广泛团结社会各类力量，采用多种形式与各领域专家进行合作，积极披露公开内部的相关资料，共享有价值的数据，打开与民众对话渠道，集思广益。又如，人工智能理事会、数据伦理与创新中心是由各界专家与理事会成员共同组成，从治理的各相关利益方出发，有效补充了传统组织架构在人工智能治理方面的空白。

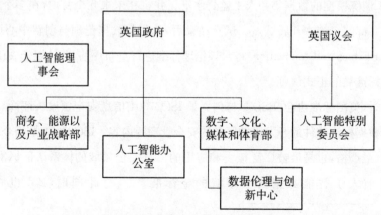

图1 英国人工智能伦理与治理相关组织机构框架

2.3.3.1　人工智能办公室(Office for Artificial Intelligence)

人工智能办公室成立于2018年,主要职责之一是监督人工智能和数据(Grand Challenge:AI and Data)[1]的推进情况,旨在保障英国人工智能发展的世界领先地位。其使命为:一是在社会影响方面,确保人工智能的人类有益性(包括伦理、治理、未来工作前景);二是在需求和应用方面,支撑跨产业、交叉产业发展,包括通过下达"任务"形式以达到发展目标;三是在基础建设方面,确保人工智能最优的产业发展环境(包括技能、数据、投资、扶持产业引导)。

人工智能办公室作为新型政府机构,是英国政府体制改革打破传统部门壁垒的一个典型代表。人工智能办公室采用扁平化运作的方式,围绕人工智能产业发展各个项目任务,与英国政府中各个部门子属机构灵活协作,同时广泛地与企业、高校、科研机构以及各类机构开展合作。人工智能办公室成立以来联合多部门相继公开发布了一系列人工智能领域的重磅报告,如代表英国政府与世界经济论坛合作发布的《人工智能政府采购指南(草案)》(Draft Guidelines for AI procurement)系列报告,其中包括《公共部门人工智能使用指南》(A guide to using artificial intelligence in the public sector)、《数据伦理框架》(Data Ethics Framework)等。办公室还联合发布了《人工智能应用的技术评测指南》(Assessing if artificial intelligence is the right solution)、《人工智能伦理与安全认知》(Understanding artificial intelligence ethics and safety)、《人工智能项目管理指南》(Managing your artificial intelligence project)等指导性政策文件。

同时,办公室联合政府数字服务、司法、交通、金融、商业、能源、教育、国际发展等相关部门发布了一系列具体人工智能场景中的案例研究报告,例如《司法部门利用AI技术进行监狱报告文件分析》(How the Ministry of Justice used AI to compare prison reports)、《机器学习在政府官网的应用》(How GDS used machine learning to make GOV. UK more accessible)、《应用电表数据预测能源消耗》(Using data from electricity meters to predict energy consumption)、《自然语言处理进行结

---

〔1〕Grand Challenge 是英国政府发布的英国产业发展规划(The Industrial Strategy)的核心内容,指出了未来英国发展的四个方向:人工智能与数据经济(AI & the Data Economy);未来出行(Future of Mobility);清洁增长(Clean Growth);社会老龄化(Ageing Society)。

构性市场调查研究》(Using natural language processing to structure market research)、《国际发展部应用卫星图像预测人口》(How DFID used satellite images to estimate populations)、《交通部门应用大数据进行车辆年检》(How the Department for Transport used AI to improve MOT testing)等。

2.3.3.2　人工智能理事会(AI Council)

人工智能理事会成立于 2019 年 4 月,是英国政府特别设立的专家委员会组织,旨在建立产业、学术以及政府间开展对话和思想交流的有效平台,从而为英国政府人工智能发展过程中的经济、伦理以及社会影响等方面提供决策咨询意见。

该理事会与人工智能办公室以及数据伦理与创新中心保持密切合作,共同为人工智能负责任应用以及确保其社会有益性提供决策依据和意见。

截至 2019 年底,人工智能理事会于 9 月和 12 月与来自政府各部门组织的代表分别进行了两次专家会议,就英国人工智能重点发展方向、人工智能伦理与治理框架进行了研讨。

2.3.3.3　数据伦理与创新中心(Central of Data Ethics and Innovation)

英国数据伦理与创新中心成立于 2018 年,是英国国家产业重要战略——人工智能发展计划(Sector Deal for AI)的重要内容。该中心作为政府专家组织主要承载了研究人工智能与数字技术发展中产生的社会影响和社会风险的重大任务,在此基础上为英国政府制定相关政策、法律法规提供决策依据,成为政府就相关问题与公众沟通的桥梁。主要目标为:一是发现新兴技术应用过程中未被法律法规覆盖保护的灰色地带;二是如何将伦理融入创新发展,其中一项重要任务为设计数据伦理框架,促进个人、政府以及其他组织的数据流动与共享;三是研究英国政府如何促进人工智能的全球化发展战略,以维护英国相关领域的世界领先地位,并在技术造福全体人类上形成较高的全球影响力。

2.3.3.4　人工智能特别委员会(Select Committee on Artificial Intelligence)

2017 年英国议会上议院成立人工智能特别委员会,象征英国将人工智能发展战略的合法性地位予以确立。人工智能特别委员会主要职责为针对政府就人工智能发展中的经济、伦理以及社会影响相关作为提出建议性议案。例如,2017 年人工智能特别委员会发布了《人工智能在英国:充分准备、意愿积极、应对能力》(AI in the UK：ready，willing and able?)报告,建议英国政府应加大力度挖掘人工智能对社会和经济的潜力,并在报告中首次提出英国应当引领世界人工智能伦理的发展,积极应对潜在风险挑战,保护社会与公众的安全与利益,也为后来人工智能伦理与治理成为英国人工智能国家战略的重要内容之一。

目前,人工智能特别委员会就人工智能发展中政府应树立的正确认知以及角色、人工智能在公共健康领域中的潜在优势与风险、人工智能社会影响、数据权限与分享、人工智能基础研究、发展规划等多个议题进行讨论与建议。除此之外,从英国议会网站上披露该委员会发布的 15 个官方议会会议记录可以看出,这些会议广泛邀请了与政府大臣、人工智能伦理与治理的顶尖学者、媒体、产业代表、国际组织、国外专家等进行会议交流、讨论与辩论,已成为英国就人工智能治理问题国际对话的重要平台。

2.3.4 治理实践

2.3.4.1 英国控告 Clearview AI 侵犯隐私,罚款 2260 万美元[1]

2021 年 12 月,英国信息专员办公室(ICO)以违反《2018 数据保护法》中对公民隐私保护相关规定,对面部识别公司 Clearview AI 处以高达 2260 万美元的罚款。据 ICO 称,Clearview AI 公司在没有获得英国居民知情同意的情况下,从 Facebook、Instagram 和 LinkedIn 等社交媒体网站爬取照片,用来进行面部识别技术与产品的研发。英国信息专员办公室要求 Clearview AI 应立即停止面部数据的非法收集,并删除已存储的个人信息数据。但是,目前 Clearview AI 拟对这项罚款提出申诉。据 Clearview AI 代表声明,其面部识别软件并没有向公众开放,仅仅是"为执法机构提供来自互联网的公开信息"。Clearview AI 首席执行官 Hoan Ton-That 表示:"我和我的公司通过帮助执法部门揭露针对儿童、老人和其他受害者的令人发指的罪行,公司一直致力于保护英国及其人民的最大利益"。无论 Clearview 罚款事件结果如何,这都表明英国正在试图结束科技公司"自我监管"的时代。

---

〔1〕Clearview AI 是美国的面部识别公司,为公司、执法机构、大学和个人提供服务。该公司的算法将人脸与从互联网(包括社交媒体应用程序)索引的超过 30 亿张图像的数据库进行匹配。该公司由 Hoan Ton-That 和 Richard Schwartz 创立。

2.3.4.2　数据信托试点项目

2018 年 11 月,英国数字、文化、媒体和体育大臣杰里米·赖特宣布,开放数据研究所(ODI)将与政府人工智能办公室一同领导两项试点项目,研究"数据信托"(data trust)如何能在维持信任的同时增加数据的可访问性。从 2018 年 12 月到 2019 年 3 月进行三个数据信托试点项目:第一,开放数据研究所与野外实验室技术中心合作,探索数据信托是否有助于在全球范围内打击非法野生动物贸易。其中涉及两个应用:一是可否建立一个数据信托以协助图像数据的共享,以便算法训练识别,协助边境管制人员识别非法动物和动物产品;二是可否共享摄像捕捉器拍摄的照片和声传感器数据来进行算法训练,以帮助创建实时警报。第二,开放数据研究所与大伦敦政府和格林威治区政府合作,探索数据信托模式是否支持城市数据共享,同样涉及两个应用案例:一是移动应用案例(停车),一项试验技术,使得与客车停车和预留给电动汽车和电动汽车俱乐部的停车位有关的停车数据更容易获得,目的是使低污染的交通选择更具吸引力;二是能源应用案例,通过安装传感器来监测和控制改造后的公共供暖系统(水源热泵)的运行,来提高市政委员会拥有的社会住房街区的能源效率。第三,开放数据研究所和废物与资源行动计划(Waste & Resources Action Programme)开展合作,开发技术软件来评估英国食品供应链中食物浪费的情况。该软件通过识别各种利益相关方之间共享数据的有效激励措施和障碍,提出可复制推广的治理综合解决方案。

2020 年 1 月、2020 年 11 月,"数据信托计划"组织召开了两次研讨会,探讨了推动数据信托发展所需的进一步工作领域,划定一些跨学科研究的问题,以帮助推进建立应对现实世界挑战的数据信托。数据信托是面向实践的一种数据管理制度,采取什么样的法律和治理结构对于数据信托的成败至关重要。普通法上的信托制度是在实际中自生自发的,理论是伴随实践生成的,对于数据信托制度同样如此。"数据信托计划"列出的需要进一步探索的领域,需要理论与实践的共同努力,甚至可以说实践探索更为重要。[1]

---

〔1〕翟志勇:《论数据信托:一种数据治理的新方案》,《东方法学》2021 年第 4 期。

3. 亚洲国家发布的人工智能规则

3.1 中国

中国于 2017 年 7 月正式发布《新一代人工智能发展规划》，从人工智能成为国际竞争的新焦点、人工智能成为经济发展的新引擎、人工智能带来社会建设的新机遇、人工智能发展的不确定性带来新挑战等战略层面，对新一代人工智能发展形成了全面认识与布局。同时，随着人工智能不断深入社会生活、生产各个层面，暴露出包括算法安全、算法透明、数据歧视、数据滥用等问题，中国政府也予以高度重视。

3.1.1 中国的人工智能国家战略

3.1.1.1 制造业和互联网行业的智能化

在国家战略层面，中国高度重视智能化在国民经济发展中的重要作用，2015 年 5 月国务院正式颁布《中国制造 2025》[1]，提出力争通过三个十年的努力[2]，实现制造强国的战略目标；高度重视新一代信息技术与制造业的深度融合，提出把智能制造作为信息化与工业化深度融合的主攻方向，着力发展智能装备和智能产品，推进生产过程智能化。

2016 年 5 月，国家发展改革委、科技部、工业和信息化部、中央网信办颁布了《"互联网＋"人工智能三年行动实施方案》[3]（简称《实施方案》），提出充分发挥人工智能创新的引领作用，支撑各行业领域"互联网＋"创业创新。《实施方案》总体思路以提升国家经济社会智能化水平为主线，从培育发展人工智能新兴产业、推进重点领域智能产品创新、提升终端产品智能化水平三方面进行布局，其中包括：进一步推进计算机视觉、智能语音处理、生物特征识别、自然语言理解、智能决策控制以及新型人机交互等关键技术的研发和产业化；推动互联网与传统行业融合创新，加快人工智能在家居、汽车、无人系统、安防等领域的推广应用；加快智能终端核心技术研发及产业化，丰富移动智能终端、可穿戴设备、虚拟现实等产品的服务及形态，提升高端产品供给水平。

---

〔1〕http://www.gov.cn/zhengce/content/2015-05/19/content_9784.htm.
〔2〕即"三步走"：到 2025 年，迈入制造强国行列；到 2035 年，制造业整体达到世界制造强国阵营中等水平；到新中国成立一百年，制造业大国地位更加巩固，综合实力进入世界制造强国前列。
〔3〕http://www.gov.cn/xinwen/2016-05/23/content_5075944.htm.

3.1.1.2　国家战略性新兴产业发展规划

2016 年 11 月,根据"十三五"规划纲要有关部署编制的《"十三五"国家战略性新兴产业发展规划》[1](简称《规划》)发布并实施,规划期为 2016—2020 年。《规划》指出未来 5 到 10 年是全球新一轮科技革命和产业变革从蓄势待发到群体迸发的关键时期,物联网、云计算、大数据、人工智能等技术广泛渗透于经济社会各个领域,强调要紧密结合"中国制造 2025"战略,超前布局一批战略性产业,其中实施网络强国战略、加快建设"数字中国"成为重点。

3.1.1.3　国家新一代人工智能发展规划

2017 年 7 月国务院发布了中国首份专门针对人工智能发展的文件——《新一代人工智能发展规划》[2](简称《规划),共分为战略态势、总体要求、重点任务、资源配置、保障措施和组织实施六大部分,并提出了三步走战略目标,以 2020、2025、2030 为时间节点,从总体技术和应用水平与世界先进水平同步,到基础理论实现重大突破、部分技术与应用达到世界领先水平,再到人工智能理论、技术与应用总体达到世界领先水平。

《规划》提出了六个方面重点任务:一是构建开放协同的人工智能科技创新体系,围绕增加人工智能创新的源头供给,从前沿基础理论、关键共性技术、创新平台、高端人才队伍等方面强化部署;二是培育高端高效的智能经济,发展人工智能新兴产业,推进产业智能化升级,打造人工智能创新高地;三是建设安全便捷的智能社会,发展高效智能服务,推进社会治理智能化,利用人工智能提升公共安全保障能力,促进社会交往的共享互信;四是加强人工智能领域军民融合,强化新一代人工智能对指挥决策、军事推演、国防装备等的有力支撑,引导国防领域人工智能科技成果向民用领域转化应用;五是构建泛在安全高效的智能化基础设施体系,加强网络、大数据、高效能计算等基础设施的建设升级;六是前瞻布局重大科技项目,以"1 + N"的模式形成人工智能项目群,以新一代人工智能重大科技项目为核心,加强"N"个国家相关规划计划中部署的人工智能研发项目与其的衔接。

《规划》也提到了在人工智能发展过程中可能遇到的问题,指出要制定促进人工智能发展的法律法规和伦理规范,加强人工智能相关法律、伦理和社会问题研

---

〔1〕http://www. gov. cn/zhengce/content/2016-12/19/content_5150090. htm.
〔2〕http://www. gov. cn/zhengce/content/2017-07/20/content_5211996. htm.

究,开展与人工智能应用相关的民事与刑事责任确认、隐私和产权保护、信息安全利用等法律问题研究。

3.1.1.4 人工智能与实体经济深度融合

2019 年 3 月,中央全面深化改革委员会第七次会议审议通过了《关于促进人工智能和实体经济深度融合的指导意见》,指出"促进人工智能和实体经济深度融合,要把握新一代人工智能发展的特点,坚持以市场需求为导向,以产业应用为目标,深化改革创新,优化制度环境,激发企业创新活力和内生动力,结合不同行业、不同区域特点,探索创新成果应用转化的路径和方法,构建数据驱动、人机协同、跨界融合、共创分享的智能经济形态"[1]。这是继 2017—2018 年国家发布相关政策和工作方案后,从中央全面深化改革的战略角度出发,强调人工智能与实体经济深度融合的重要性,并提出了相关方法路径及目标和要求。

3.1.1.5 "十四五"规划

2021 年 3 月,《中华人民共和国国民经济和社会发展第十四个五年规划和 2035 年远景目标纲要》[2](简称"十四五"规划)正式颁布。"十四五"规划指出把科技自立自强作为国家发展的战略支撑,以国家战略性需求为导向推进创新体系优化组合,加快构建以国家实验室为引领的战略科技力量,并专篇提出加快数字化发展、建设数字中国,以数字化转型整体驱动生产方式、生活方式和治理方式变革。聚焦高端芯片、操作系统、人工智能关键算法、传感器等关键领域,加快研发突破和迭代应用;支持数字技术开源社区等创新联合体发展,完善开源知识产权和法律体系,鼓励企业开放软件源代码、硬件设计和应用服务。同时提出要构建数字规则体系,包括建立健全数据要素市场规则、营造规范有序的政策环境、加强网络安全保护、推动构建网络空间命运共同体等。

3.1.2 中国的人工智能有关准则

3.1.2.1 中国的人工智能治理原则

2018 年 10 月,中共中央总书记习近平在主持中央政治局第九次集体学习时提出"要加强人工智能发展的潜在风险研判和防范,维护人民利益和国家安全,确保

---

〔1〕http://www.gov.cn/xinwen/2019-03/19/content_5375140.htm.
〔2〕http://www.gov.cn/xinwen/2021-03/13/content_5592681.htm.

人工智能安全、可靠、可控"的要求。2019年6月,国家新一代人工智能治理专业委员会发布了《新一代人工智能治理原则——发展负责任的人工智能》[1],指出全球人工智能发展进入新阶段,呈现出跨界融合、人机协同、群智开放等新特征,为促进新一代人工智能健康发展,更好地协调发展与治理的关系,确保人工智能安全可靠可控,人工智能发展各方应遵循"和谐友好、公平公正、包容共享、尊重隐私、安全可控、共担责任、开放协作、敏捷治理"八项原则,确立了人工智能治理的框架和行动指南。同年8月,中国人工智能产业发展联盟发起了《人工智能行业自律公约》[2],旨在明确人工智能开发利用的基本原则和行动指南,树立正确的人工智能发展观,共同营造包容共享、公平有序的发展环境,形成安全可信、合理可责的可持续发展模式。此外,中国也在通过研制相关技术标准,规范人工智能发展。

2021年9月,国家新一代人工智能治理专业委员会发布了《新一代人工智能伦理规范》[3],提出了6项基本要求:①增进人类福祉。坚持以人为本,遵循人类共同价值观,尊重人权和人类根本利益诉求,遵守国家或地区伦理道德。②促进公平公正。坚持普惠性和包容性,切实保护各相关主体合法权益,推动全社会公平共享人工智能带来的益处,促进社会公平正义和机会均等。③保护隐私安全。充分尊重个人信息知情、同意等权利,依照合法、正当、必要和诚信原则处理个人信息。④确保可控可信。保障人类拥有充分自主决策权,确保人工智能始终处于人类控制之下。⑤强化责任担当。在人工智能全生命周期各环节自省自律,建立人工智能问责机制,不回避责任审查,不逃避应负责任。⑥提升伦理素养。积极学习和普及人工智能伦理知识,客观认识伦理问题,不低估不夸大伦理风险。

3.1.2.2 中国的人工智能横向规则

3.1.2.2.1 柔性规则

■ 国家新一代人工智能标准体系

2020年7月,国家标准化管理委员会、中央网信办、国家发展改革委、科技部、

---

〔1〕http://www.most.gov.cn/kjbgz/201906/t20190617_147107.html.

〔2〕http://aiiaorg.cn/uploadfile/2019/0808/20190808053719487.pdf.

〔3〕http://www.most.gov.cn/kjbgz/202109/t20210926_177063.html? searchword=新一代人工智能治理原则——发展负责任的人工智能 &prepage = 10&channelid = 44374&sortfield =-DOCRELTIME&strKeyWords =&itime = 0.

工业和信息化部发布《国家新一代人工智能标准体系建设指南》[1]（简称《指南》），制定安全/伦理标准：一是安全与隐私保护标准，包括基础安全，数据、算法和模型安全，技术和系统安全，安全管理和服务，安全测试评估，产品和应用安全等六个部分；二是伦理标准，规范人工智能服务冲击传统伦理和法律秩序而产生的要求，重点研究领域为医疗、交通、应急救援等特殊行业。

■ 网络安全标准实践指南

2021年1月，全国信息安全标准化技术委员会秘书处组织制定和发布了《网络安全标准实践指南——人工智能伦理安全风险防范指引》[2]，针对人工智能可能产生的伦理安全风险问题，给出了安全开展人工智能研究开发、设计制造、部署应用等相关活动的规范指引。其中，指出人工智能伦理安全风向包括：失控性风险——人工智能的行为与影响超出所预设、理解、可控的范围；社会性风险——人工智能使用不合理，包括滥用、误用等；侵权性风险——人工智能对人的基本权利，包括人身、隐私、财产等造成侵害或产生负面影响；歧视性风险——人工智能对人类特定群体的主观或客观偏见影响公平公正；责任性风险——人工智能相关各方行为失当、责任界定不清，对社会信任、社会价值等方面产生负面影响。提出研究开发者、设计制造者、部署应用者应积极推动人工智能伦理安全风险治理体系与机制建设，实现开放协作、共担责任、敏捷治理。

■ 科技伦理治理

2022年3月，中共中央办公厅、国务院办公厅发布了《关于加强科技伦理治理的意见》[3]（简称《意见》），这是中国首个国家层面的科技伦理治理指导性文件。《意见》提出了"伦理先行、依法依规、敏捷治理、立足国情、开放合作"的治理要求，明确科技伦理原则是"增进人类福祉、尊重生命权利、坚持公平公正、合理控制风险、保持公开透明"，其中指出要压实创新主体科技伦理管理主体责任，从事生命科学、医学、人工智能等科技活动的单位，研究内容涉及科技伦理敏感领域的，应设立

---

〔1〕http://www.gov.cn/zhengce/zhengceku/2020-08/09/content_5533454.htm.
〔2〕来源：全国信息安全标准化技术委员会秘书处，https://mp.weixin.qq.com/s/ghQ2gkX9GrroRtvtZL861Q。
〔3〕http://www.most.gov.cn/xxgk/xinxifenlei/fdzdgknr/fgzc/gfxwj/gfxwj2022/202203/t20220321_179899.html.

科技伦理(审查)委员会;加强科技伦理治理制度保障,制定生命科学、医学、人工智能等重点领域的科技伦理规范、指南等,完善科技伦理相关标准,明确科技伦理要求,引导科技机构和科技人员合规开展科技活动。"十四五"期间,重点加强生命科学、医学、人工智能等领域的科技伦理立法研究,及时推动将重要的科技伦理规范上升为国家法律法规。对法律已有明确规定的,要坚持严格执法、违法必究。

3.1.2.2.2　刚性规则

在法律方面,中国于 2016 年 11 月通过《网络安全法》,2020 年《民法典》中对保护个人隐私作出明确规定,2021 年先后制定了《数据安全法》《个人信息保护法》,并持续推进新立法工作以应对人工智能的不确定风险。

- 数据安全法

《中华人民共和国数据安全法》[1]于 2021 年 6 月第十三届全国人民代表大会常务委员会第二十九次会议通过,对数据安全与发展、数据安全制度、数据安全保护义务、政务数据安全与开放等方面进行立法。第一章第一条即列明了立法的目标是"保障数据安全,促进数据开发利用,保护个人、组织的合法权益,维护国家主权、安全和发展利益"。同时在第二章强调了数据安全与发展并重,坚持以数据开发利用和产业发展促进数据安全,以数据安全保障数据开发利用和产业发展。第三章提出建立数据分类分级保护制度,由国家数据安全工作协调机制统筹协调有关部门制定重要数据目录,加强对重要数据的保护等。

- 个人信息保护法

《中华人民共和国个人信息保护法》[2]于 2021 年 8 月第十三届全国人民代表大会常务委员会第三十次会议通过,"标志着我国在个人信息保护领域的法律框架基本确立"[3],"向世界展示了数据跨境流动制度体系的中国方案"[4]。其中第一条列明"为了保护个人信息权益,规范个人信息处理活动,促进个人信息合理利用,根据宪法,制定本法";第五—九条分别规定了处理个人信息应当遵循合法、正当、必要和诚信原则,应当具有明确、合理的目的,应当遵循公开、透明原则,应当保证

〔1〕http://www.gov.cn/xinwen/2021-06/11/content_5616919.htm.
〔2〕http://www.gov.cn/xinwen/2021-08/20/content_5632486.htm.
〔3〕蒋红珍:《〈个人信息保护法〉中的行政监管》[J],《中国法律评论》,2021,No.41(05):48—58。
〔4〕张凌寒:《个人信息跨境流动制度的三重维度》[J],《中国法律评论》,2021,No.41(05):37—47。

个人信息的质量,个人信息处理者应当对其个人信息处理活动负责。这些基本原则构成了开展个人信息处理活动的前提基础,进一步规范技术的使用、降低技术带来的不确定性风险。

- 互联网信息服务算法推荐管理规定

2021 年 12 月,国家互联网信息办公室、中华人民共和国工业和信息化部、中华人民共和国公安部、国家市场监督管理总局发布了《互联网信息服务算法推荐管理规定》[1](简称《规定》),自 2022 年 3 月 1 日起施行。《规定》明确了算法推荐服务提供者的信息服务规范,要求算法推荐服务提供者应当坚持主流价值导向,积极传播正能量,不得利用算法推荐服务从事违法活动或者传播违法信息,应当采取措施防范和抵制传播不良信息。

在监督管理方面,网信部门会同电信、公安、市场监管等有关部门建立算法分级分类安全管理制度,根据算法推荐服务的舆论属性或者社会动员能力、内容类别、用户规模、算法推荐技术处理的数据重要程度、对用户行为的干预程度等对算法推荐服务提供者实施分级分类管理。

3.1.2.3 中国的人工智能纵向规则

3.1.2.3.1 工业和信息化部的促进新一代人工智能产业发展三年行动计划

2017 年 12 月,工业和信息化部发布了《促进新一代人工智能产业发展三年行动计划(2018—2020 年)》[2],在构建网络安全保障体系方面,针对智能网联汽车、智能家居等人工智能重点产品或行业应用,开展漏洞挖掘、安全测试、威胁预警、攻击检测、应急处置等安全技术攻关,推动人工智能先进技术在网络安全领域的深度应用,加快漏洞库、风险库、案例集等共享资源建设。在保障措施方面,优化发展环境,开展人工智能相关政策和法律法规研究,为产业健康发展营造良好环境。加强行业对接,推动行业合理开放数据,积极应用新技术、新业务,促进人工智能与行业融合发展。

3.1.2.3.2 教育部的高等学校人工智能创新行动计划

2018 年 4 月教育部颁布《高等学校人工智能创新行动计划》[3](简称行动计

---

[1] http://www.gov.cn/zhengce/zhengceku/2022-01/04/content_5666429.htm.
[2] http://www.cac.gov.cn/2017-12/15/c_1122114520.htm.
[3] http://www.gov.cn/zhengce/zhengceku/2018-12/31/content_5443346.htm.

划),明确高校要充分利用在科技、人才、创新方面结合的特色,进一步强化基础研究、学科发展和人才培养方面的优势,加强人工智能基础研究和关键技术突破,为经济发展培育新动能、为改善民生提供新途径、为教育变革提供新方式,带动中国人工智能总体实力的提升。教育部成立人工智能科技创新战略专家委员会,指导和协调计划的实施。

行动计划坚持创新引领、科教融合、服务需求、军民融合的基本原则,把创新引领摆在高校人工智能发展的核心位置,推动人才培养、学科建设、科学研究相互融合,提升高校服务国家重大战略、区域创新发展、经济转型升级、保障民生的能力,主动融入国家军民融合体系,不断推进军民技术双向转移和转化应用。提出到2030年高校成为建设世界主要人工智能创新中心的核心力量和引领新一代人工智能发展的人才高地,为中国跻身创新型国家前列提供科技支撑和人才保障。行动计划提出三大方面的重点任务,在优化高校人工智能领域科技创新体系方面,除了加强基础理论研究和核心关键技术创新外,还提出了要加快建设人工智能科技创新基地,包括教育部前沿科学中心、教育部重点实验室、教育部工程研究中心、协同创新中心等;加强高水平科技智库建设,加大国际学术交流与合作力度,支持中国学者积极参与人工智能相关国际规则制定,适时提出"中国倡议"和"中国标准"等。

3.1.2.3.3 科学技术部的国家新一代人工智能创新发展试验区建设工作指引

2019 年 9 月,科技部制定了《国家新一代人工智能创新发展试验区建设工作指引》,国家新一代人工智能创新发展试验区是依托地方开展人工智能技术示范、政策试验和社会实验,在推动人工智能创新发展方面先行先试、发挥引领带动作用的区域。2020 年 9 月,科技部对《国家新一代人工智能创新发展试验区建设工作指引》进行了修订[1]。在修订版工作指引中,开展以下重点任务:一是开展人工智能技术研发和应用示范,探索促进人工智能与经济社会发展深度融合的新路径;二是开展人工智能政策试验,营造有利于人工智能创新发展的制度环境。围绕数据开放与保护、成果转化、知识产权、安全管理、伦理规范、人才引育、财税金融、社会保障、国际合作等方面开展政策先行先试,探索建立支持人工智能原始创新的体制机

---

[1] http://www.most.gov.cn/xxgk/xinxifenlei/fdzdgknr/fgzc/gfxwj/gfxwj2020/202012/t20201224_171987.html.

制,形成适应人工智能发展的政策框架和法规标准体系;三是开展人工智能社会实验,探索智能时代政府治理的新方法、新手段,加强社会实验理论、方法和数据积累,精准识别人工智能挑战,把握人工智能时代社会演进的规律,提升智能时代政府治理的精准化、科学化水平;四是推进人工智能基础设施建设,强化人工智能创新发展的条件支撑。

自 2019 年北京市成为全国首个国家新一代人工智能创新发展试验区以来,上海市、天津市、深圳市、杭州市、合肥市、德清县、重庆市、成都市、西安市、济南市、广州市、武汉市、苏州市、长沙市、郑州市、沈阳市、哈尔滨市先后入选。[1]

3.1.3 中国地方人工智能规则目标

深圳市

2015 年 8 月,深圳市颁布《深圳市"互联网＋"行动计划》[2],提出要促进人工智能广泛应用,推进计算机视觉、智能语音处理、生物特征识别、自然语言理解、智能决策控制以及新型人机交互等关键技术的研发和产业化;促进人工智能在智能家居、智能终端、智能汽车、机器人等领域的推广应用,为产业智能化升级夯实基础。

2019 年 5 月,市政府再次颁布了《深圳市新一代人工智能发展行动计划(2019—2023 年)》[3],指出到 2023 年人工智能基础理论取得突破,部分技术与应用研究达到世界先进水平,开放创新平台成为引领人工智能发展的标杆,有力支撑粤港澳大湾区建设国际科技创新中心,成为国际一流的人工智能应用先导区。

在主要任务中提出充分研究风险挑战,构建伦理法规标准。聚焦大数据安全、数据资源开放和利用等关键环节,研究制定数据公开、数据安全、数据资产保护和个人隐私保护的地方性法规。推进人工智能行业相关标准的制定和完善,促进人工智能行业和企业自律。

行动计划提出:完善人工智能规范体系。开展人工智能管理标准和法规体系的研究,探索制定人工智能规范化管理地方性标准和法规,保障商业数据、个人信息的授权与采集、推算、应用以及发布等行为的透明度,保护公民隐私安全。构建人

---

[1] https://baike.baidu.com/item/国家新一代人工智能创新发展试验区/24559080? fr = aladdin.
[2] http://www.sz.gov.cn/zwgk/zfxxgk/zfwj/szfwj/content/post_6576718.html.
[3] http://www.sz.gov.cn/zwgk/zfxxgk/zfwj/szfwj/content/post_6576972.html.

工智能标准体系。研究制定基础共性、互联互通、行业应用、网络安全、隐私保护等技术标准。加强企业数据保护制度建设。明确数据控制者和处理者应尽到采取合法、公平和透明的技术和组织措施保护数据权益的法定义务。组织人工智能伦理安全论坛。组织专项研究课题、专题论坛活动,针对人工智能对个人隐私、社会伦理、法律等方面影响开展研讨,提高社会及业界对人工智能的认识水平和安全风险意识。

北京市

北京市人工智能领域的发展政策最早见于中关村科技园区管理委员会在 2016 年 4 月发布的《关于促进中关村智能机器人产业创新发展的若干措施》[1]中,提出要深入推进机器人与人工智能、脑科学、新材料等前沿领域融合创新,大力构建智能机器人产业生态,加快推动中关村全球智能机器人创新中心建设。2017 年 12 月,北京市发布了《北京市加快科技创新培育人工智能产业的指导意见》[2],指出为"强化统筹协调、完善法规政策、加大资金支持、构筑人才高地、优化发展环境"提供保障,推进人工智能智库建设,支持各类智库开展人工智能重大问题研究,为培育人工智能产业提供智力支持;同时强调加强人工智能相关标准研究,支持人工智能企业开展国家标准制订,参与或主导国际标准制订。

2018 年 11 月,北京发布"智源行动计划",推动成立北京智源人工智能研究院。作为支持北京国家新一代人工智能创新发展试验区建设的重要举措,北京智源人工智能研究院联合本市优势单位于 2019 年 5 月共同发布《人工智能北京共识》[3]、《面向儿童的人工智能北京共识》等伦理发展指导原则,支持建设中国首个人工智能治理公共服务平台。针对人工智能的研发、使用、治理三方面,提出了各个参与方应该遵循的有益于人类命运共同体构建和社会发展的 15 条原则,关注"服务于人",强调促进人工智能相关准则的"落地",为未来打造"负责任的、有益的"人工智能等方面。[4]

---

〔1〕http://zgcgw. beijing. gov. cn/zgc/zwgk/zcfg18/sfq/10912839/index. html.
〔2〕http://www. beijing. gov. cn/zhengce/zhengcefagui/201905/t20190522_60664. html.
〔3〕《人工智能北京共识》由北京智源人工智能研究院联合北京大学、清华大学、中国科学院自动化研究所、中国科学院计算技术研究所、新一代人工智能产业技术创新战略联盟等高校、科研院所和产业联盟共同发布。https://baike. baidu. com/item/人工智能北京共识/23515671? fr = aladdin#3.
〔4〕来源:《2020 北京人工智能发展报告》,https://hub-cache. baai. ac. cn/hub-pdf/20201118/2020-beijing-ai-development-report. pdf。

同时,智源人工智能伦理与可持续发展研究中心成立,重点开展人工智能伦理的技术研究,旨在低风险、高安全、符合伦理的人工智能模型、人工智能风险检测等方面取得一系列创新性成果,降低人工智能发展过程中可能存在的技术风险、伦理隐患,确保人工智能科技创新向对社会有益的方向稳健发展,推动北京国家新一代人工智能创新发展试验区建设,促进北京成为负责任的人工智能创新发展的全球典范。[1]

上海市

上海市于 2017 年 10 月发布了《关于本市推动新一代人工智能发展的实施意见》[2],指出要形成应用驱动、科技引领、产业协同、生态培育、人才集聚的新一代人工智能发展体系,推动人工智能成为上海建设"四个中心"和具有全球影响力的科技创新中心的新引擎,为上海建设卓越的全球城市注入新动能。2019 年 5 月科技部回函支持上海建设国家新一代人工智能创新发展试验区,其中提到推动人工智能治理,开展政策试验,加强法律法规、伦理规范、安全监管等方面的探索;开展长周期社会实验,加强人工智能社会影响的前瞻研判。

2019 年 8 月,在世界人工智能大会治理主题论坛上发布了《中国青年科学家2019 人工智能创新治理上海宣言》[3],提出人工智能发展需要遵循的伦理责任、安全责任、法律责任和社会责任等,同时提出一系列治理共识,如人工智能应遵循公平、无歧视原则,对不同人群提供无偏见服务;人工智能应是安全、稳健的,致力于将技术鲁棒性和安全性贯穿于整个研究过程等。2020 年 7 月,上海国家新一代人工智能创新发展试验区专家咨询委员会治理工作组发布《协同落实人工智能治理原则的行动建议》,提出了"一平台、四工作、四体系"[4]的系统落实人工智能治理原则的行动方案建议。"一个平台"即构建全球合作网络和交流平台,"四工作"指的是推进 AI 治理标准规范的制定、推动建立行业自律、总结推出最佳实践、推动安全可信技术研发;"四体系"则是致力于建立人工智能治理的评估体系、监管体系、

[1] 来源:《2020 北京人工智能发展报告》,https://hub-cache.baai.ac.cn/hub-pdf/20201118/2020-beijing-ai-development-report.pdf。
[2] https://www.shanghai.gov.cn/nw42639/20200823/0001-42639_54242.html。
[3] https://wenhui.whb.cn/third/baidu/201908/29/286281.html。
[4] https://wenhui.whb.cn/third/baidu/202007/10/359920.html。

人才体系、保障体系。2021年7月,《上海国家新一代人工智能创新发展试验区社会实验工作方案》[1]在世界人工智能大会治理论坛发布,提出要精准识别人工智能等数字技术带来的挑战和冲击,综合研判其变革社会的机制规律和趋势,同时助推技术标准规范、流程再造等制度创新成果,促进人工智能产品、安全测评认证标准的形成,引导人工智能新产品、新模式、新服务的培育。

3.2 日本

相比起中美英欧,日本是最早制定数字化战略的国家,日本政府对信息技术引领国家振兴的发展战略赋予了极高的期待。如早在1995年日本政府就出台《面向21世纪的日本经济结构改革思路》,倡导发展通信、信息技术产业。1999年和2001年日本政府分别对物联网和大数据展开实证研究,制定了缜密的数字化政策。2000—2012年,日本政府着眼信息技术应用,先后推出"e-Japan"(2001)、"u-Japan"(2004)、"i-Japan"(2009)等一系列数字战略计划;2013—2015年,出台了《日本振兴战略》《推进成长战略的方针》,提出以机器人革命为突破口,带动产业结构变革升级。2016年至今,日本政府则致力于落实"超智能社会5.0"计划,试图通过人工智能、物联网、大数据,推动数字化、智能化社会转型。日本政府和企业界也高度重视人工智能的发展,不仅将物联网(IoT)、人工智能(AI)和机器人作为第四次产业革命的核心,还在国家层面建立了相对完整的研发促进机制,并将2017年确定为人工智能元年。2018年6月,日本政府在人工智能技术战略会议上出台了推动人工智能普及的计划,推动研发能与人类对话的人工智能,以及在零售、服务、教育和医疗等行业加快人工智能的应用,以节省劳动力并提高劳动生产率。希望通过大力发展人工智能,保持并扩大其在汽车、机器人等领域的技术优势,逐步解决人口老化、劳动力短缺、医疗及养老等社会问题,扎实推进超智能社会5.0建设。日本对人工智能发展的战略目标是实现超智能社会5.0的建设并克服原有的社会问题。为此,日本政府围绕人工智能制定了包括教育改革、技术研发、社会实施在内的综合政策方案,以此增强日本的工业竞争力。

---

[1] https://baijiahao.baidu.com/s?id=17047019748853335476&wfr=spider&for=pc.

然而,从实际情况来看,日本政府的相关战略并未取得预期成效。据 2019 年瑞士国际经营开发研究所的"世界数字竞争力排名",在 63 个国家中,日本排在第 23 位,在 OECD 37 个成员国排名中,日本仅居第 18 位。2020 年初爆发的新冠疫情更是严重暴露了日本数字社会"内存不足""网络不通"的弊端。素以"网络大国""数字强国"自居的日本,在疫情期间因为"电子政府"建设硬件不强、软件不通,以及社会数字化程度低等问题,政府的抗疫措施难以通达,国民生活乱象丛生。面对百年一遇的全球性大流行病,日本政府仍在使用纸版传真统计感染者人数,职员在线处理业务常因要加盖公章的硬性规定,不得不冒险跑回公司盖章。特别是政府试图在网上发放疫情补助金,而多数居民仍习惯于用传真机发送补助申请,地方政府不得不增员手工操作、逐一确认,发放效率很低。

3.2.1 日本的人工智能国家战略

为了满足人工智能发展所必需的人才供应,以及解决少子化、老龄化、土地开发困境、自然灾害预警和产业结构调整等日本本土问题,政府在 2019 年 6 月发表了《AI 战略》(AI 戦略 2019)。该战略将"人工智能(AI)"定义为"基于实现智能功能的系统",并提出了日本政府对人工智能发展的明确愿景,即成为人工智能在社会应用和工业生产方面的领先者。其战略目标:一是培养人工智能时代的人力资源;二是推进人工智能在各领域产业中的应用,以此加强工业竞争力;三是建立可实现"具有多样性的可持续社会"的一系列技术体系与操作系统;四是在人工智能的国际研究、基础教育和网络设施建设等方面发挥国际引领作用;五是以人工智能解决日本当前面临的各类社会问题。为此,日本政府分别从整体进行统筹规划、拟重点支持研发的技术领域、公私合作计划、人才培养计划、伦理原则与技术标准设立计划五个方面提出了其战略规划。

此外,该战略还指出了日本人工智能发展所面临的五重挑战:一是缺乏良好的数据平台;二是如何构建信任安全;三是如何在每个阶段中使用 AI 建立高效、精确的对策系统,来预防、检测和应对日益频繁和复杂的网络攻击;四是必须在所有地区开始运营 5G 基站,增强网络基础设施并确保安全性和可靠性,以便 AI 可以在整个日本使用;五是向数字政府过渡需要一定的时间进行准备与实施。

总之,日本的人工智能发展非常注重顶层设计与战略引导,将人工智能作为日本超智能社会5.0建设的核心。在具体举措上,强化体制机制建设、政府引导、市场化运作,采取总务省、文部科学省、经济产业省三方协作,以及产学官协作模式,分工合作联合推进。日本的优势产业主要布局在汽车、机器人、医疗等领域,人工智能研发也重点聚焦于这些领域,并以老龄化社会健康及护理等对智能机器人的市场需求,以及超智能社会5.0建设等为主要推动力,突出以硬件带软件、以创新社会需求带动产业发展等特点,具有非常强的针对性。

3.2.2 日本的人工智能有关准则

在2021年1月,由东京大学未来研究所所长Toshiya Watanabe、松下公司数据分析部门总经理Takenobu Aoshima等专家学者组成的AI实践原则架构专家组[1]发布了《日本的AI治理》("AI Governance in Japan")报告,指出了人工智能治理的国际共识——基于风险的治理,即监管干预的程度应与人工智能的风险影响成比例。虽然不同国家在风险评估与监管干预的方式上有所不同,但这种基于风险的比例原则上已成为了人工智能治理的指导理念。在此指导理念下,日本的AI实践原则架构专家组进一步提出了未来的AI治理架构建设方向,其中包括了三个层面的规则:治理原则、横向中间规则、具体目标规则。

3.2.2.1 日本的人工智能治理原则

日本的政府、企业和社会组织均提出了各自的人工智能治理原则。此外,日本参加的两个国际组织G20和OECD也都提出了各自的AI原则(OECD的《人工智能研究开发原则》和《贸易和数字经济声明》中的"G20人工智能原则"),日本作为国际组织成员也会遵守这些国际AI原则。

3.2.2.1.1 日本政府的人工智能原则

2018年12月,日本内阁府发布的《以人类为中心的AI社会原则》以尊严(Dignity)、多元包容(Diversity & Inclusion)和可持续(Sustainability)三个基本理念为核心,提出了"AI-Ready社会"中AI应遵守的七条原则:一是人类中心原则;二是教育应用原则;三是保护隐私原则;四是安全保障原则;五是公平竞争原则;六是

---

[1] 日本政府为了保障其人工智能治理架构的多样性与包容性,协调组织了各种背景的知识分子定期讨论全球的人工智能治理现状,并据此对日本的人工智能治理提出建议。该专家组是在日本经济产业省的推动下,由东京大学未来研究所领头,与多领域学者、科学家、企业家等共同成立的。

公平、说明责任及透明原则;七是创新原则。此外,为了加快人工智能的开发和利用、降低人工智能系统的风险、赢得用户和社会对人工智能的信任,日本总务省(MIC)于2018年7月发布了《人工智能利用原则草案》。该草案提出了十个人工智能原则:一是合理利用;二是数据质量;三是协调合作;四是内部安全;五是外部安全;六是隐私保护;七是人类尊严与个体自治;八是公平公正;九是透明度;十是问责。

3.2.2.1.2　日本社会组织的人工智能原则

日本的非营利社会组织——日本人工智能学会(The Japanese Society for Artificial Intelligence,简称 JSAI),于2017年2月发布了《日本人工智能学会伦理准则》,认为人工智能(AI)研究主要聚焦于人工智能的"实现",也即赋予计算机"智慧"以及自主学习和行动的能力。人工智能未来将在人类社会的许多领域扮演重要的角色,包括工业、医药、教育、文化、经济、政治等领域。但不可否认的是,错用或滥用人工智能,将对人类社会产生不良影响、与公共利益相冲突。为保证人工智能的研究与发展有益于人类社会,高度专业化的人工智能研究者们,应遵照伦理与良知行事。研究者们应当倾听不同的社会观点,并以人性为准绳,从中学习。科技进步、社会发展,研究者们也应相匹配地深化对伦理道德的认知。该伦理准则是日本人工智能学会会员的道德准则,帮助会员更好地认识其社会责任,鼓励会员与社会进行有效的沟通。日本人工智能学会会员应当遵循并实践的准则:一是贡献人类;二是遵守法律法规;三是尊重隐私;四是公正;五是安全;六是秉直行事;七是可责性与社会责任;八是社会沟通和自我发展。

3.2.2.1.3　日本企业的人工智能原则

2018年9月,索尼集团发布了《索尼集团人工智能伦理准则》。索尼集体宣告:通过人工智能(AI)的应用,索尼的目标是为一个和平和可持续的社会的发展做出贡献,同时向世界传递 kando——一种兴奋、惊奇或情感的感觉。从电子产业开始,索尼不断扩大业务领域,成为了提供音乐、电影等娱乐和金融服务的多元化的全球性公司。以索尼的宗旨"通过创造力和技术的力量,让世界充满情感"为基础来经营这些业务领域。其具体的准则内容包括:一是支持创新生活方式,建设更好的社会;二是利益相关者的参与;三是提供受信任的产品和服务;四是隐私保护;五是尊重公平;六是追求透明性;七是人工智能的发展与持续教育。

3.2.2.2 日本的横向中间规则

日本提出的 AI 治理架构中,横向中间规则包括了具有法律约束力的横向法规、不具有法律约束力的指导方针和标准化准则。

3.2.2.2.1 横向法律规则

具有法律约束力的横向法律规则是指普遍适用于各应用领域且具有法律效力的规则。例如日本于 2015 年大规模修订的《个人信息保护法》(2017 年 5 月全面施行),以及呼应日本内阁 2021 年 2 月发布的《为建立数字社会而需要的法律制度改革法案》而最新出台的《个人信息保护法》。日本的《个人信息保护法》新设了个人信息保护委员会,专门负责信息处理活动的监管,并规定了个人信息的获取利用规则、保管规则、转移规则和信息披露规则。此外,日本于 2021 年 2 月发布了《数字社会形成基本法案(草案)》,首设"数字厅"来促进数据的有效利用。此后,日本经济产业省于 2021 年 7 月就《促进数据价值创造(Value Creation)的新数据管理的存在方式与实现框架(草案)》公开征求意见。该框架试图将数据的整个生命周期归为三个基本要素——"活动""场域"和"属性"来进行风险排查与管理,以此保障数据的可靠性。

3.2.2.2.2 指导方针

不具有法律约束力的指导方针是指解释每个人工智能原则的评论方法,以及将人工智能原则与公司和其他实体的实践相互交织的集成方法。在 2018 年,日本的经济产业省发布了《关于使用人工智能数据的合同指南》。该指南指出了人工智能研发与应用过程中涉及数据使用的合同应具备哪些要素,其虽不具有法律约束力,但对于人工智能企业为满足特定原则提供了实践指引。在 2021 年,国立研究开发法人产业技术综合研究所发布了《机器学习质量管理指南》,该指南为人工智能研发中的关键技术——机器学习该如何满足特定的治理原则提供了具体方法。此外,在 2021 年 7 月,日本经济产业省发布了《实践 AI 原则的管治准则》(1.0 草案),希望通过该准则能够指引日本的人工智能研发者与应用者有效理解并实践相关的 AI 原则。

3.2.2.2.3 技术标准

技术标准则是指由日本信息技术标准委员会成立的人工智能分技术委员会

(简称 SC 42)发布的相关技术标准。日本的 SC 42 有 6 个工作组(WGs):人工智能治理、基础标准、数据、可信度、应用,以及人工智能系统的计算方法和计算特征,此外,该委员会还成立了人工智能管理、大数据质量、人工智能生命周期等特设小组。该小组除了为国际标准化组织(ISO)和国际电工委员会(IEC)的第一联合技术委员会(Joint Technical Committee 1)(简称 ISO/IEC JTC1)做出贡献外,还加强了与欧盟标准化机构——欧洲标准化委员会(European Committee for Standardization,简称 CEN)和欧洲电工技术标准化委员会(the European Committee for Electrotechnical Standardization,简称 CENELEC)的合作。欧洲和日本的标准化机构都制定了相关主题并进行了讨论,并于 2020 年 9 月为负责人工智能政策和标准的政府官员举办了"值得信赖的人工智能标准化和研发欧盟—日本研讨会"等。

3.2.2.3 日本的纵向目标规则

纵向目标规则主要是指针对人工智能特定应用的治理规则,包括专用使用规定、特定行业条例和政府使用 AI 规则。

3.2.2.3.1 专用使用规定

专用使用规定是针对具体 AI 应用技术发布的规则,如人脸识别的使用规则和自动化推荐的使用规则。日本目前虽然暂未有像美国旧金山发布的《停止秘密监视条例》、伊利诺伊州发布的《人工智能视频面试法》等特定 AI 技术的治理规则,但日本内阁于 2020 年 2 月通过的《提高特定数字平台透明度和公正性法案》中对使用特定算法的平台则要求其向利益相关者披露相关信息,并定期公布其平台运营的评价报告。此后,日本公平交易委员会在 2021 年 3 月公布了《算法/AI 与竞争政策》,其中专门谈到了算法滥用的现状,并提出加强特定算法监管的建议等。

3.2.2.3.2 特定行业条例

特定行业条例主要是 AI 应用于特定领域时的规则,如 AI 在交通方面的应用规则。2016 年 5 月日本警察厅颁布《无人驾驶汽车道路测试指南》,并开始修订《道路交通法》和《道路运输车辆法》;2017 年 4 月,政府将无人驾驶车辆肇事事故纳入保险范围内。2017 年 6 月,日本警察厅发布《远程无人驾驶系统道路测试许可处理基准》,允许从 2017 年 9 月到 2019 年 3 月在国内部分高速公路、专用测试道路上进行无人驾驶汽车测试。2018 年 4 月高度情报通信网络工作社会推进战略本部发布的《无人驾驶相关制度整备大纲》(简称《整备大纲》)引起广泛关注。《整备大纲》规定,在无人驾驶系统造成事故损害时,继续适用由车辆所有者承担责任的规定,并确保保险公司在先行赔付后能够对机动车辆制造商行使求偿权。此外,该部分还规定了无人驾驶汽车上的指示及警告责任,在刑事责任的认定上要根据具体事实,对相关主体是否尽到了注意义务以及是否存在因果关系等进行判断。

3.2.2.3.3　政府使用 AI 规则

对于政府使用 AI 规则,日本政府首席信息官的顾问提出了政府的信息系统或用于政府提供的服务等的人工智能系统中使用数据时,应考虑的特点和要点。目前看这一领域的规则制定方面取得的进展不大。未来在政府推进数字化的同时,政府可能会积极引入人工智能系统。政府作为人工智能系统的最终用户,可能需要一份指南。

3.2.3　日本政府应对人工智能时代的组织架构

3.2.3.1　首相直辖的数字厅

菅义伟内阁成立后,为切实推进数字改革,在政策法规、机构设置、人事调整等各方面采取实质性举措。2020 年 12 月底,菅内阁发布"为创建数字社会实施改革的基本方针",决定修改《IT 基本法》,创建数字厅,新设数字改革担当大臣,专职负责数字改革前线的推进工作,提出创建"数字社会"愿景目标,制定"数字社会"基本原则。新成立的数字厅隶属于内阁,首相为最高责任人。数字大臣统管数字厅事务,辅佐首相开展工作。新设数字监,由内阁任免,地位相当于其他省厅的事务次官,即公务员的最高职务,负责对数字大臣建言献策、处理并监督数字厅日常事务等。为确保专业性,拟启用民间专业人士担任该职。此外,还将从国会议员中任命副大臣和大臣政务官各一名。数字厅初定规模约 500 人,其中至少 100 人将从民间聘用专业人士,并任命部分民间人士担任处长或局长。数字厅的主要任务是制定数字改革政策,协调各部门落实改革,赋予推行数字改革特权。数字厅将统一编制预算,直接掌握数字改革的"钱袋子"。数字厅还对其他省厅拥有"劝告权",可要求落实"数字改革"不力的部门改善相关措施。《数字厅设置法》规定设置由全体阁僚组成的"数字社会推进会议",取代 IT 综合战略本部,作为首相发号施令的平台。数字厅于 2021 年 9 月正式成立。数字厅在官网中写道,"这是新智识的开始。数字厅将 24 小时运作。"数字厅将主要覆盖行政、灾害应对、教育、人工智能等领域。数字厅以首相为一把手,设置统管业务的阁僚。为让该厅能发挥指挥塔的作用,法律赋予该厅向其他中央政府部门发出业务修改等建议的权限。职员规模设为 500 人左右,其中工程师等约 120 人,拟从社会录用。

3.2.3.2　个人信息保护委员会

日本 2015 年修改的《个人信息保护法》专门设立了"个人信息保护委员会"来协调数字平台企业与政府和公众一同进行风险决策,并赋予了其对日本个人信息跨境流通统一作出相关决策的权力。首先,日本在 2015 年修订《个人信息保护法》之前,不同种类的个人信息是由不同政府机构负责监督管理,如总务省大臣负责监督互联网上的个人信息收集与处理;厚生劳动省大臣负责监督个人医疗信息的收集与处理。但在个人信息保护委员会设立以后,由其统一负责监督数字平台企业的个人信息收集与处理,其将会代表政府统一制定个人信息保护法的实施细则与基本方针,数字平台企业也只需按照个人信息保护委员会的规则进行风险评估与合规审计,个人信息保护委员会也会对具有违法嫌疑的数字平台企业进行指导、建议或要求其出具风险评估报告。其次,个人信息保护委员会将会设立专门的"指定个人信息保护团体",由他们受理其管辖行业内的公民投诉,倾听公众的意见与要求,目前已有 41 个受认定的"指定个人信息保护团体",分别负责医疗、安保、证券等不同行业的公民投诉与意见。

3.2.3.3　网络安全协议会

日本依据 2018 年 12 月修订的《网络安全基本法》,专门设立了"网络安全协会",该协会成员包括了中央与地方政府机构、重要基础设施运营企业、大学及相关科研机构、网络安全领域企业等多元化主体,成员必须要履行保密与信息共享义务,以便网络安全协会整合网络安全风险信息,并据此作出相关风险决策。在此之前,日本虽然已有多项网络安全的信息共享机制,如预警信息系统(CISTA)、民间企业间的 ICT-ISAC(Information Sharing and Analysis Center)、金融 ISAC、电力 ISAC 和日本网络犯罪对策中心(JC3)等,但这些信息共享机制并未将各个领域的企业与政府部门统合起来,导致网络安全信息的领域局限性,而网络安全协会的设立便是致力于构建一套以内阁官房为枢纽的跨领域网络安全信息共享机制。

3.2.3.4 人工智能研究中心

讨论日本的 AI 研究,不得不提到日本经济产业省旗下的产业技术综合研究所在 2015 年 5 月新设立的人工智能研究中心——AIRC(Artificial Intelligence Research Center)。人工智能研究中心(AIRC)是日本政府为推动下一代人工智能研究而设立的三大国家级研究据点之一,有计算机科学各领域研究人员 100 余名,中心拥有世界 TOP500 中排名第 5 的超级计算机 ABCI。据介绍,AIRC 的研究范围主要包括 AI 算法(Algorithm)、大数据(Big Data)以及计算(Computing),既涉及最基础的 AI 理论研究,也包括计算机视觉、自然语言处理等偏应用的研究,同时还有计算及设施的搭建等。

第四章　人工智能发展将引发构建国际新秩序

1. 国际新秩序之探索

近些年来,全球人工智能发展的成绩应该予以高度肯定和赞扬,未来人工智能发展将呈现的主要特点有:一是人工智能发展势头强劲,弱人工智能的普及速度将进一步加快,通用人工智能(或强人工智能)可能会如期到来。二是人工智能自身产业与赋能产业发展的主旋律不变,人工智能产品将无处不在,并进一步深入到人类社会的方方面面,一个全新的智能时代格局可能即将到来。三是未来国际竞争中,除人才竞争外,人工智能"产品＋规则"的竞争局面将进一步形成。四是由于人工智能发展与其他新技术不同,具有"拟人"特点,产生的安全与伦理等社会属性问题越来越突出,未来人工智能治理与全球治理体系将深度融合,由此引发的新国际秩序也将逐步形成。

同核武器、基因编辑等技术类似,人工智能被广泛视作可能影响国际秩序的颠覆性技术。人工智能的应用能够促进生产力发展、改变生产关系、推动军事变革,并可能引发新的技术竞争,它极有可能通过影响单个国家或地区的经济实力、科技实力以及军事实力,改变国际行为体的力量对比和相互关系,冲击现有国际秩序并催生新的国际秩序,塑造全新的处理国家间关系应遵循的规范。相应地,人工智能将在经济与社会发展、国家安全、全球治理三个具体方面对现行国际秩序产生深刻的影响。

首先,人工智能将助力人类经济与社会的可持续健康发展。在解放生产力的基础上,人工智能将为全球经济、民生及生态环境的可持续发展提供更为重要的技术支撑。人工智能算法的优化，能够有效改善经济社会资源的利用水平，建设更高质、高效、低耗化生产和消费的智能社会。例如，人工智能在中国被应用于针对贫困地区的扶贫开发，基于人工智能大数据精准扶贫的平台具有便捷、高效、资源配置合理等特点，可以了解到最需要扶贫的对象，精准匹配合适项目。人工智能还可以促进贫困地区教育水平，2019 年，联合国教科文组织先后发布了《教育中的人工智能：可持续发展的挑战和机遇》《人工智能与教育北京共识》等指导性文件，提出人工智能的愿景是改善学习和促进教育公平，将人工智能系统地纳入教育工作有望解决教育领域中的各项重大挑战。但不可忽视的是，人工智能的广泛应用也有可能加剧社会失业、分配失衡等问题。因此，在利用人工智能替代人类简单重复劳动的同时，国际社会和各国政府需有更丰富的手段、资源与技术来解决全球发展的不均衡、不充分、不可持续等问题，从技术、资源和管理等方面合力推进各国在减灾抗灾、环境治理、消除贫困等方面的治理实践，探索可持续的经济与社会发展新机制。

其次，人工智能可能带来国家安全的新挑战。人工智能发展存在的技术滥用和重大安全风险，在时间、广度、后果上都可能远远超出以往技术风险的范畴，需要全球公私部门协商应对，特别是在人工智能发展和应用中处于领先地位的国家与相关组织、群体共同参与。例如，2018 年，兰德公司曾发布报告讨论人工智能是否有提高核战争风险的可能性，报告指出："当今世界的核平衡依赖于几个不可持久的条件。计算能力和数据可用性的进步，让机器能够完成一度需要人类参与或被视为不可能的任务。人工智能也许会带来新的军事力量，从而引发军备竞赛，抑或增加国家在危机中有意或无意间动用核武的可能性。"人工智能在应用于国家安全领域时体现出许多独有的特征。第一，人工智能有可能被集成到各种应用程序中，从而改善了所谓的"物联网"，在其中不同设备通过联网被连接在一起以优化性能。第二，许多人工智能应用是双重用途的，这意味着它们既可以军用也可以民用。例如，图像识别算法既可以用于识别动植物的种类，也可以用于辨识全动态视频中的恐怖活动。第三，人工智能是一种相对透明的使能技术能力，这意味着其集成到产品中可能无法被立即认出，其对国家安全的威胁具有隐蔽性等等。因此，人工智能在国家层面的广泛应用将催生新的安全国际合作体系和机制，需要通过新的规制，对人工智能研发方向和应用领域形成合理的约束,强化安全领域的技术透明度和交流协作,最大限度地减少人工智能应用可能带来的重大安全隐患。与此同时,还需通过有效的国际协调,避免各国在人工智能开发上可能出现的新形式的军备竞赛和扩散风险。

最后,人工智能可能掀起全球治理体系的变革。人工智能的发展,也会对各国政府的有效治理能力形成重大挑战。相比于国家治理而言,全球治理是一项更为复杂的系统性工程。未来社会的全球治理面临拥有数据和算法技术优势的巨型企业主导全球治理秩序、拥有人工智能优势的国家对人工智能发展滞后的国家实施技术霸权、强人工智能或超级人工智能的出现及其异化可能带来的全球治理失序,甚至可能颠覆由人类所主导的全球治理秩序等风险。同时,人工智能对数据开放、人才培养、信息基础设施建设、应用场景准入以及法律标准制定等方面的内在要求,也会反过来促使各国政府采纳适应性的创新治理模式,协调治理标准与规制手段,提升各国在未来社会的治理能力。

2021年4月,美国国家情报委员会(NIC)发布的《全球趋势2040:一个竞争更加激烈的世界》报告中提出:"新技术的快速更迭重塑了权力的本质,加剧了全球科技领导权的国家间竞争"。中远期来看,人工智能改变着当前全球治理的游戏规则,技术地缘政治化的背景下,谁控制了人工智能,谁就会拥有越来越大的经济、社会和政治影响力。随着全球性问题的不断增多和治理赤字的扩大,作为国际秩序重要基础的多边主义国际制度与全球治理体系正进入瓦解与重构交织的过程,客观上对国际秩序的重建提出了巨大需求。

现行国际秩序主要创设于二战后初期,随着经济全球化进程中挑战增多和国际行为体日趋多元化,基于彼时的国际政治经济发展状况而制定的规则已无法有效应对许多新出现的问题。面对人工智能作为新兴技术的潜在风险,以及其中蕴含的新兴生产力和对人类现有经济社会结构的多元影响,各国政府与社会各界需要高度予以关切、回应,并共同推动现有秩序的重构。人工智能领域的诸多成果都是国际合作的共同结晶,因此建立未来社会的国际新秩序不仅是某些国家或区域的问题,也是全世界的问题,需要大家拥有全球视野与全球合作的宽广胸怀。国际社会曾经面临过相似的难题,在处理核军控和气候变化等复杂议题的过程中,都是先由学界、企业界和社会组织广泛讨论和推动,最终各国和地区政府达成共识,在新的国际秩序下形成有效的治理原则及管理制度。目前,世界各国正在围绕人工智能带来的挑战进行广泛和热烈的讨论,不少国家和机构出台了相应的法律法规和原则主张。基于这些讨论,探索未来社会的国际新秩序的走向显得越来越重要。

1.1 以人为本的国际新秩序

世界各国虽然文化传统与经济路径各不相同,但是都试图从不同的角度重新诠释和定位"人"的社会经济坐标。人在传统社会生活中所追求的幸福、安全、平等、自由、透明、信任等,也都需要在数字经济的背景之下得到反映,获得保障。2020年,全球数字合作伙伴(Global Partners Digital)和斯坦福大学的全球数字政策孵化器(Global Digital Policy Cutter)发布了一份报告,从人权角度审视各国政府的国家人工智能战略。报告评估了各国政府和区域组织将人权考虑纳入国家人工智能战略的程度,并向希望在未来制定或审查人工智能战略的决策者提出了建议。报告指出,在 32 个国家和区域的战略中,人工智能对隐私权的影响是最常被提到的,其次是平等和不歧视,思想自由、言论自由和获取信息的权利、工作的权利等也是受到高度关注的问题。然而,很少有战略文件涉及人工智能应用对普通人的影响进行深入分析或具体评估的。与经济竞争力和创新优势等其他问题的具体程度不同,在人工智能背景下,人应如何得到保护以及保护的深度方面的具体细节在现有的战略中基本上是缺失的。

国际秩序是大国之间权力分配、利益分配和共有观念形成的结果,但是人工智能如果依然秉持国家利益至上的原则被支配和应用,则可能导致美国前国务卿基辛格在《世界秩序》一书中的预测:"我们可能面临一个阶段,不受任何秩序束缚的力量主宰我们的未来"。强大的科技垄断企业很可能将扼杀初创企业和创业群体,不平等程度急剧上升。随着医疗技术进步,最富有群体的寿命将超过 120 岁,而成百上千万普通人将在极端贫穷和疾病中挣扎。社交媒体将无时无刻轰炸这个"被遗忘的群体",强调其美好生活的理想与当下现状的鸿沟。现实的差距导致不满和愤怒日益累积,国家之间的信任若处理不好,有可能土崩瓦解。

出于对上述情景的担忧,世界各国对于人工智能的管理方式,已经出现了以人为本的共同呼声。在美国,消费者利用个人信息换取便利的盈利模式已显疲软,反制逐渐形成萌芽;在欧洲,围绕人的权益的价值规范成为其约束并追赶其他人工智能强国的一种文化策略;在日本,老龄化的人口对人工智能的未来应用作出了限定;在中国,人工智能正在融入传统的和谐价值观中,在动态中寻求人与机器的动态平衡。这些都包含了社会公众对于人工智能的合法性、合理性的重新审视。人工智能对于减少收入差距、性别不平等方面的作用明显。更为重要的是,每一次技术变革都会带来全新的人与人、人与信息之间交互方式,甚至工作生活方式的变革。信息无障碍意味着平等的沟通权,是每个人都能平等发展的前提,因而人工智能的发展和革新对特殊群体,如视障者、听障者以及其他残障人士来说具有特殊意义。

在人工智能应用于未来社会发展中,首先需要进一步强调以人为本,强调数字福祉的全面提升,在实践中充实其内涵、逐渐改变传统观念,这才有可能确保惠及所有人,而非少数群体,从而形成一个新的国际秩序。在新秩序的构建过程中,一是需要将人工智能对普世价值、规范和标准的影响纳入讨论;二是借助人工智能促进知识和研究的公平获取,推动文化表现形式多样化;三是确保人工智能不会扩大国家内部和国家之间的技术鸿沟。若要兑现"人人享有人工智能"的承诺,必须确保每个人都能从眼下的技术革命中获益,并能接触到技术革命带来的创新和知识。各国的政策制定强调以人为中心,着眼于改善民众福祉;强化政府和机构的透明度和责任意识,倾听更多不同的声音;在国际或国与国交往中努力找到合作的共同点,而非相互遏制。

1.2 和而不同的国际新秩序

数字化、全球化仍是当前社会发展之主基调,且全球化和地区一体化相辅相成。全球化改变着世界体系的运作规则,既给各国发展带来了新的机遇,同时也对传统的一些做法产生破坏性力量。尽管有些国家既有参与全球化的渴望,又有着被同化或吞并的恐惧,但利大于弊是总体趋势。目前,人们普遍比较担心的是,拥有人工智能技术优势的少数巨型企业在全球治理秩序塑造中的影响力和控制力日渐增强,拥有人工智能优势的少数国家对于人工智能发展较为滞后的国家可能会实施技术霸权和规则霸权,民族国家特别是广大发展中国家在全球治理体系中存在被边缘化的可能。

人工智能编程语言不分国界,人机对话的本质是非文化的。曾经,人们认为人工智能的普及将实现赛博空间中的"天下大同"。然而,人工智能与人类社会有别于传统的技术—社会关系,其应用方式决定了人工智能本身就是社会性的,因此各个地区的文化差异仍不容忽视。在全球化和地区一体化并行不悖的时代,各国的繁荣只有在其所属地区的整体共同繁荣之中才能得到保障。

未来社会国际新秩序与地区秩序的建设都将体现出重要价值。有鉴于国家主体性的彰显、地区一体化的加强和全球治理的深入,国家改革、地区合作和全球治理促动多元并存,新的秩序建设逻辑正在生成。个别国家的问题将比以往任何时候更深远地影响其他所有国家。不论是大规模杀伤性武器、全球互联网安全还是国际金融体系的稳定,如今很多挑战都超越了国界。人工智能当下的产业形态也决定了其发展需要遵循价值多元的原则。商用人工智能离不开不断寻求新的运用情境,不断寻求新的人群。基于特定文化习俗的区域型应用场景,最终必然不止步于某个特定区域,反而会为世界其他地区的一些场景提供借鉴,并为整个人工智能行业提供经验,创造新的利益增长点,为人工智能更好地施惠全球提供解放思想的力量。

未来社会的国际新秩序,需要秉持和而不同的基本理念,在共性中允许特异性的存在,制定多元的治理原则与准则,适应复杂社会变化。鉴于社会的复杂多变和人类语言的抽象表述,单一的抽象化的人工智能伦理原则、治理准则不再有效。各国政治、法律、人工智能发展阶段不同,在多元化的新秩序中,也需要制定多元的、分场景的人工智能治理原则与准则,以准确地涵盖不同的可持续发展情形,确保机会均等,减少收入差距等各方面的不平等,增强所有人的权能,促进普通民众更好地融入社会、经济和生活,这种秩序的构建对人工智能发展本身也是可持续健康发展的。

1.3 开放合作的国际新秩序

逆全球化思潮急剧上升是近年来国际社会面临的一大困境,其背后的重要原因之一是经济全球化虽也推动了资源的自由配置,促进了社会生产力的发展,但同时也造成贫富悬殊和发展失衡,社会向两极分化。拥有人工智能优势的少数巨型企业在全球治理秩序塑造中的影响力和控制力日渐增强,少数发达国家对于人工智能发展较为滞后的国家可能会实施技术霸权和规则霸权,特别是广大发展中国家在全球治理体系中存在被边缘化的可能。在此背景下出现的反全球化和保护主义不是解决问题的钥匙,真正的出路是要推动全球治理体系改革,建立新的国际秩序以使全球化向开放、平等、普惠、共享的方向发展。

近年来,各国政府间人工智能领域合作频繁,为各国企业之间合作创造良好的贸易投资合作氛围,包括双边、多边、国际组织平台。美国、欧盟等国家希望建立共同的 AI 监管框架。基于公共的 AI 准则,将"公平""包容性""隐私保护""透明性"等原则,定为公共监管框架的基础,以此加强合作,建立监管体系。欧盟成员国加强云服务发展。2020 年 10 月,欧盟 25 个成员国签署了《欧洲云联盟合作宣言》,以支持泛欧洲云基础设施的开发,并刺激公共和私营部门云服务的发展。中国倡议加强人工智能国际合作,随着"一带一路"倡议的持续推进,人工智能的商业价值和社会价值正沿着"一带一路"传播开来,各国间贸易合作不断增强。

这些关于人工智能发展的多边举措表明,各国组织正在采取各种方法来解决人工智能的实际应用问题,并扩大这些解决方案的规模,以产生最大的全球影响。为信息网络技术及人工智能制定普遍接受的共同规则,已经成为全球经济治理的一项重要内容,将在很大程度上影响人类社会的共同未来。许多国家求助于国际组织以制定全球人工智能规范,还有一些国家则参与伙伴关系或双边协议。讨论和制定有关规则应秉持共商共建共享原则,在联合国、二十国集团等具有广泛代表性的平台上进行,汇集各方智慧,体现共同意志。同时,需要防止个别国家、少数团体垄断人工智能领域的话语权和规则制定权。特别是广大发展中国家仍处在人工智能发展初级阶段,要高度重视它们的关切,处理好人工智能发展"先行者"与"后来者"的关系,避免扩大合作之鸿沟。

未来社会的国际新秩序,需要顺应开放型世界经济和科技发展潮流,坚持多边主义、开放合作,支持国际交流与合作。各国都应鼓励创新创造,共同打造开放、公平、自由、公正、非歧视的市场环境,维护人工智能的持续可健康发展势头。加强全球合作,携手开发可信可控的友好型人工智能,所有国家都应该参与进来,争取不让一个个体掉队。

1.4 基于人类命运共同体的国际新秩序

随着人工智能的广度和深度应用,将对现有全球治理体系和全球治理格局产生较大的冲击。其衍生的全球问题则至少存在于两个层面。其一,核心数据集的使用有可能存在一定的网络漏洞,不怀好意的行为体可能乘虚而入,将非公开或敏感的数据用于罪恶的目的。其二,从经济社会可持续发展的角度而言,大数据的采集、存储、分析及随后的权力转移,致使数据用户和组织、政府和传统商业之间的非对称性加深,而"数据驱动"还可能导致发展中国家和发达国家之间的知识、信息鸿沟进一步拉大——这种差距并非局限于对技术的获取,而且往往还涉及大数据及其附属技术的有效利用和社会化。由于国际合作与分工的减弱,国与国之间的相互依赖也将在一定程度上降低。并且,当前各国在发展各自的人工智能产业时,本就有意识地避免与他国产生过度的相互依赖,以增强自身的自主性、能动性和独立性。

新的风险和难题不断挑战着现行的国际秩序,而人类命运共同体发展理念为未来社会的人类如何有效应对全球治理风险指明了方向。国与国的科技较量,并不是单一的竞争关系。在这个充满机遇与挑战的技术空间里,人类的命运早已连为一体。作为文化的产物和塑造文化的科技工具,人工智能应当在多元的文明环境中成长,以现实问题为导向的全球治理研究正逐渐成为新趋势,面对未来全球治理中存在的诸多治理风险,需要各国共同应对人工智能异化或失控所引发的全球治理秩序失序的风险。唯有在技术层面寻求更多的沟通与合作,确保各国的人工智能发展在相对透明、相对开放的政治语境中进行,使人工智能服务于开放、包容、普惠、平衡、共赢的人类命运共同体。

总之,未来社会的国际新秩序的构建,亟须世界各国加强合作与交流,探索针对人工智能等新兴技术的适应性治理机制,强化安全协作体系与风险防控机制。发达国家不仅需要停止其对广大发展中国家所实施的人工智能技术霸权和规则霸权,而且还需要在人工智能技术标准的制定和应用规则的确立等方面与广大发展中国家进行积极的对话与合作,共同应对人工智能异化或失控所引发的危及全球治理体系和人类命运的风险,真正构建起一套全球性的、共建共享、安全高效、持续发展的人工智能国际新秩序。

2. 加强国际交流与合作

人工智能并不是在虚空中运行,而始终是它们被开发和使用的环境的一部分。[1] 如前文所述,它们带来的风险并不局限于技术领域,还包括必须应对的安全与伦理等方面的挑战。为确保预防和尽量减少这些风险,并促进其利益最大化,国际社会已经做了一些努力,正如第三章所述。

在当今信息化与全球化的世界里,各国越来越相互依赖,其中,一个国家所追求的政策选择可能会对其他国家产生重大直接或间接影响,人工智能作为一种改变经济和社会的技术,会产生明显的跨境影响[2][3][4],因此,对人工智能及其治理的全球交流与合作的需求比以往任何时候都显得迫切。当前,不少国家的人工智能发展战略都强调要保持或加强在发展和使用人工智能方面的"领导地位",经常明确提到对手国家的比较地位,这种描述对人工智能的国际合作与交流产生了一定的负面影响。为确保人工智能产品和服务可以在全球范围内可信、可控、友好传播,而不是导致跨越可能造成个人或社会伤害的红线,进而确保人工智能的红利被全人类所享有,通过国际交流与合作共同制定标准与相关规则,培养互相信任的空间显得尤为重要。

然而目前的人工智能国际交流与合作仍面临诸多困难。首先是缺乏关于人工

---

〔1〕 The European Commission. High-Level Expert Group on AI: Ethics Guidelines for Trustworthy AI, (April 8, 2019). https://www.euractiv.com/wp-content/uploads/sites/2/2018/12/AIHLEGD-raftAIEthicsGuidelinespdf. pdf.

〔2〕 ITU, Assessing the Economic Impact of Artificial Intelligence. ITU, Geneva (September 2018). https://www.itu.int/dms_pub/itu-s/opb/gen/S-GEN-ISSUEPAPER-2018-1-PDF-E. pdf.

〔3〕 Yeung, Karen, A Study of the Implications of Advanced Digital Technologies (Including AI Systems) for the Concept of Responsibility Within a Human Rights Framework, MSI-AUT (November 9, 2018), https://ssrn.com/abstract = 3286027.

〔4〕 McKinsey, Notes from the AI Frontier: Modeling the Impact of AI on the World Economy. McKinsey (January 28, 2019). https://www.mckinsey.com/~/media/McKinsey/Featured%20Insights/Artificial%20Intelligence/Notes%20from%20the%20frontier%20Modeling%20the%20impact%20of%20AI%20on%20the%20world%20economy/MGI-Notes-from-the-AI-frontier-Modeling-the-impact-of-AI-on-the-world-economy-September-2018. ashx.

智能的普遍接受的概念,即不同主体可能以不同方式解释和界定人工智能的范围,这就使得国际合作时可能会出现错位。其次,国际合作倡议的稳定性通常受到各方合作的动机和所秉承的价值观所影响。再次,参与合作的各方优先事项不同,尤其是涉及应予以支持的实质性领域时,可能会出现分歧情况,影响到合作的进程和效果。此外,参与合作的各方的起点不一致,尤其是在经济社会条件、基础设施等方面。最后,人工智能的发展与治理成本存在矛盾,各国为了快速建立人工智能优势,相比于治理,更愿意投入资金和人力成本在人工智能的发展方面,导致对人工智能治理的国际交流与合作意愿较低。

2.1 技术研发合作

技术研发的跨国合作可以实现优势互补,推动相关产品的规模经济和区域经济发展,通过资金来源的互补性和耦合产生效益,扩大创新传播的同时,促进技术的发展与落地。[1] 相反,缺乏国际合作会形成人工智能在国际范围内的碎片化发展,一方面会对人工智能基础设施和能力的重复投资,造成不必要的成本浪费[2],另一方面会带来新的安全与伦理风险。人工智能研发的跨国交流与合作可以在如下几个方面进行。

2.1.1 跨境数据共享

根据麻省理工科技评论洞察(MIT Technology Review Insights)2020 年发布的针对欧洲的高管一项报告,数据共享可能会带来更快、更具创新性的产品开发。[3] 除了共享公共和私人数据以外,各国还应统一隐私及资料保护规则和数据共享技术,以促进人工智能研发的国际交流与合作。国际组织也对数据跨境流动体系进行多次研究探索,联合国、经济合作与发展组织、G20 等国际组织主要通过工作文

---

〔1〕Jeffrey L. Furman, Patrick Gaule, A Review of Economic Perspectives on Collaboration in Science, National Research Council (Oct. 22, 2013), https://sites. nationalacademies. org/cs/groups/dbassesite/documents/webpage/dbasse_085533. pdf.

〔2〕Pekka Ala-Pietilä & Nathalie A. Smuha, A Framework for Global Cooperation on Artificial Intelligence and its Governance, Reflections on Artificial Intelligence for Humanity. Springer, Cham,pp. 237 - 265(2021).

〔3〕https://www. technologyreview. com/2020/03/26/950287/the-global-ai-agenda-promise-reality-and-a-future-of-data-sharing/.

件、研究报告以及发展指南等形式对数据跨境流动的全球发展提供发展框架、思路和指导。如联合国贸易和发展会议发布《2021 年数字经济报告——数据跨境流动和发展：数据为谁而流动》，深入探讨了跨境数据流动的发展和政策影响，提出全球亟需建立新的数据治理框架，以支持人工智能、云计算等技术的发展。

2.1.2 大规模计算基础设施共建

国际知名的人工智能研究机构 OpenAI 的报告称，在机器学习实验中，计算能力每 3—4 个月翻一番，每年增长 11 倍，并且高级人工智能模型训练的成本在数万美元到 100 多万美元之间。为了减少投资计算基础设施带来的成本，促进各国人工智能交流研发，帮助许多小型研究团体在各自领域推进人工智能及其应用，各国可以通过合作开发超级计算中心、研究云和分布式计算网络来获得更大的计算能力。中国提出了"数字丝绸之路"政策，以加强与"一带一路"沿线国家的数字基础设施建设合作，其中包括数据中心、云计算中心等方面的数字基建合作。

2.1.3 共同开发国际合作的研发项目

目前，已有国家、国际组织甚至是企业推动或主导了跨国的研发项目，为研发项目多边合作的进一步发展奠定了基础。2021 年 3 月，联合国教科文组织赞助成立了国际人工智能研究中心（IRCAI），该中心的核心项目是人工智能在气候、教育、辅助技术、医疗保健四个领域的应用。联合国开发计划署 2021 年倡议成立了可持续发展目标人工智能实验室（SDG AI Lab），该实验室旨在加强联合国开发署内部及其合作伙伴应对数字化转型的能力，并利用人工智能和机器学习技术促进可持续发展。2022 年 2 月，联合国非洲经济委员会（UNECA）宣布在刚果成立非洲首个人工智能研究中心，致力于通过人工智能推进非洲数字技术在政策、基础设施、金融、数字平台和创业等领域的发展。此外，包括谷歌、IBM、华为和微软在内的私营企业也均建立起了与世界各国学术界和行业界的合作项目。[1]

2.2 知识产权合作

世界各国越来越重视人工智能的研发与相关专利的申请。同时，纷纷出台人

---

〔1〕清华大学人工智能研究院、清华—中国工程院知识智能联合研究中心：《人工智能发展报告 2011—2020》，https://www.sohu.com/a/459477909_100204233，第 14—16 页。

工智能知识产权保护的规划与政策,进一步激励人工智能的发展。加强人工智能
知识产权国际合作,对于营造尊重知识的研发环境,完善国际知识产权保护体系,
促进人工智能跨境合作的可持续健康发展有着重要意义。

2.2.1 通过国际知识产权组织进行对话

国际知识产权组织为世界各国的人工智能知识产权保护合作提供了良好的对
话交流平台。

以世界知识产权组织(WIPO)为例,2017年9月世界知识产权组织与部分成员
国就如何应对人工智能知识产权问题进行了初步交流。2019年9月,世界知识产
权组织举办了第一届"知识产权与人工智能产权组织对话会",各成员国代表共同
讨论了人工智能对知识产权制度、知识产权政策、知识产权管理以及知识产权事务
国际合作的影响。此后,世界知识产权组织发布了人工智能知识产权问题的议题
文件,内容涉及专利、版权、商标、商业机密、不正当竞争以及对知识产权行政管理
决定的问责等方面。2020年7月,世界知识产权组织举办了"知识产权与人工智能
产权组织对话会:第二届会议",为成员国提供机会就人工智能知识产权有关话题
进一步探讨。[1]

2.2.2 签署和更新知识产权国际条约

一方面各国需要通过签署多层次、多领域的双边或多边人工智能国际条约,促
进对人工智能知识产权的保护;另一方面,需更新原有的知识产权保护条约,与智
能时代的知识产权保护与合作需求保持一致。[2]人工智能知识产权国际条约拟
从以下三个方面签署和更新。

第一,专利国际条约,包括所有具有新颖性、效用性和发明性的人工智能产品
和程序。原有的专利国际条约包括《专利合作条约》《国际承认用于专利程序的微
生物保存布达佩斯条约》《国际专利分类斯特拉斯堡协定》等。

第二,商标国际条约,涉及所有人工智能商品商标、服务商标、集体商标和证明
商标等内容。原有的商标国际条约包括《保护工业产权巴黎公约》《商标国际注册

---

[1] 中国人工智能产业发展联盟:《中国人工智能产业知识产权白皮书(2021)》,http://www.ai-research.online/#/whitepaper/detail/76,第27—35页。
[2] 任虎:《"一带一路"倡议下中韩知识产权国际保护合作研究》,《韩国研究论丛》2019年第2期。

马德里协定》《商标法条约》《有关商标注册用商品和服务国际分类的尼斯协定》等。

第三,著作权国际条约,包括所有人工智能相关文学作品、戏剧、音乐与艺术作品,以及人工智能的邻接权。原有的著作权国际条约包括《保护文学和艺术作品伯尔尼公约》《世界版权公约》《保护表演者、录音制品制作者和广播组织罗马公约》《保护录音制品制作者防止未经许可复制其录音制品公约》等。

2.3 技术标准合作

随着人工智能的发展,对人工智能标准的需求将会大幅增长。各国需要在人工智能技术标准方面加强合作,特别是在风险管理、数据治理等方面制定国际通用的技术标准,以促进人工智能法律法规、监督监管在世界范围内的融合。

2.3.1 采用循序渐进的方式建立国际标准

建立可信可控的人工智能技术标准需要大量收集数据,将技术进展和行业实践转化为可衡量的技术标准。这意味着,技术标准开发需要遵循循序渐进的方式逐步进行,同时需要世界各国的合作与参与。[1]

第一,从国家标准到国际标准。逐步制定人工智能标准,要求标准在制定过程与人工智能发展的各个阶段保持一致,人工智能标准需要在国家或地区拥有一定的成熟度后,再到国际间进行讨论。国家或企业开发的标准被 ISO 采纳为国际标准的例子有很多,如 2020 年 8 月,中国科大讯飞公司提出的人工智能数据质量国际标准项目《人工智能-分析和机器学习的数据质量-第 4 部分:数据质量过程框架》顺利通过 ISO/IEC 国际标准化组织立项,此标准将助力人工智能数据标准化建设,提升人工智能数据质量。

第二,从简单标准到复杂标准。标准制定应从基础开始,包括人工智能系统的通用术语、定义和技术分类等。如 ISO/IEC22989 标准在世界各国技术标准的基础上,收录并解释了出现的新概念,包括认知、自主、深度神经网络、强化学习等,该标准还描述了人工智能应用的分类,并给出了基础用户模型及人工智能系统生命

---

[1] Elisabeth Braw, Artificial Intelligence: The Risks Posed by the Current Lack of Standards, American Enterprise Institute(Dec. 7,2021). https://www. aei. org/wp-content/uploads/2021/11/Artificial-intelligence-The-risks-posed-by-the-current-lack-of-standards. pdf? x91208.

周期。

2.3.2 与国际标准化组织开展合作

多方利益相关者主导的国际标准化组织在制定人工智能技术标准方面起着关键性作用,各国政府或企业可以通过成立或加入国际标准化组织,参与或主导人工智能技术标准的制定。国际电工委员会(IEC)在智能制造、智能设备、智能家居、智慧城市、智慧能源等垂直领域开展了人工智能相关标准化工作。[1] 不仅如此,该委员会与国际标准化组织第一联合技术委员会(ISO/IECJTC1),于2017年10月成立了人工智能分委员会(SC42),承担了该技术委员会的大部分人工智能标准化项目。2021年,该委员会与20国集团、国际标准化组织(ISO)和国际电信联盟(ITU)共同呼吁采取行动,承认、支持并采用国际标准,加快经济所有领域的数字化转型。

2.3.3 加强行业技术标准制定的国际合作

在行业开发人工智能过程中,也会推动对相关标准的需求和开发。各国政府及行业、企业需要通过国际合作制定特定行业的人工智能技术标准,以衡量行业人工智能系统的性能,规范行业发展。如自动驾驶汽车(AV)标准是目前世界各国所关注的焦点。目前国际公认的汽车自动驾驶技术分级标准分别由美国高速公路安全管理局(NHTSA)和国际自动机工程师学会(SAE)所提出。在SAE所提出的技术标准基础上,中国于2021年8月发布了针对自动驾驶功能的《汽车驾驶自动化分级》国家推荐标准(GB/T40429－2021),该标准将自动驾驶等级基于6个要素进行了划分。

2.4 经贸规则合作

完善的经贸规则可以巩固人工智能的国际合作,保障全球数据流动,保护用户的隐私和安全。加强人工智能国际合作,推动建立和完善适合人工智能领域的国际经贸规则,促进形成开放、非歧视的贸易体系。

2.4.1 扩大国际贸易规则的范围

世界各国需通过世界贸易组织或自由贸易协定共同商讨、制定新的国际贸易

---

[1] 中国电子技术标准化研究院:《人工智能标准化白皮书(2021版)》,搜狐网2021年9月7日,https://www.sohu.com/a/488334107_120239484,第15—22页。

规则,以适应人工智能的国际贸易。第一,国际贸易规则在世贸组织贸易技术壁垒协定(TBT)和自由贸易协定规则中的应用主要适用于货物,而人工智能不仅应用于物,还应用于服务领域。因此,新的国际贸易规则需要扩展到人工智能的服务领域。第二,贸易规则需要支持数据的自由流动,以解决由于政府对数据流动和数据本地化要求的限制而造成的数据获取障碍。第三,贸易规则需要支持网络安全合作与跨境创新,并减少对人工智能基础设施的交易壁垒和成本。此外,贸易规则的更新,还应考虑与人工智能国际法律法规、技术标准相适应。

2.4.2 签订数字经济贸易协定

影响人工智能合作和发展的数字问题在贸易协商中发挥着越来越重要的作用,数字经济、数字贸易在当前全球和区域经济规则制定,以及全球经济治理体系中也越发重要。

世贸组织(WTO)近年来在推动数字贸易的国际规则制定,包括中国在内的76个WTO成员于2019年发表了电子商务联合声明,启动与贸易有关的电子商务谈判,谈判如果成功,则支持跨境数据流动和人工智能自由获取数据。[1]

由新加坡、智利、新西兰三国于2020年6月联手签订的《数字经济伙伴关系协定》(DEPA)是又一尝试。DEPA采用道德规范的"人工智能治理框架",要求人工智能应该透明、公正和可解释,并具有以人为本的价值观,确保缔约方在"人工智能治理框架"与国际上保持一致,并促进各国在司法管辖区合理采用和使用人工智能。DEPA由十六个主题模块构成,涵盖了数字经济和贸易的多方面内容。其中,模块八新兴趋势与技术涉及金融技术合作、人工智能、政府采购、竞争政策合作。

目前国际上其他贸易协定,如《美墨加协定》和《跨太平洋伙伴关系全面和进步协定》等也包括对人工智能等相关数字贸易的承诺。

2.5 法律法规合作

由于世界各国在人工智能领域的发展水平和侧重点不同,立法进展和主要方

---

[1] World Economic Forum, The AI Governance Journey: Development and Opportunities, (Nov. 2, 2021). https://www3.weforum.org/docs/WEF_The%20AI_Governance_Journey_Development_and_Opportunities_2021.pdf.

向也有所差异。因此为了人工智能在全球范围内的有序发展,各国需加强国际法律法规合作,互通有无,探索有效的法律法规合作路径。

2.5.1 人工智能国际法律法规合作内容

人工智能对当下的法律规则和法律秩序带来了一场前所未有的挑战,从整体趋势看,近年全球各国人工智能的立法集中于数据、算法和风险三个方面,这也将是未来世界各国立法合作的主要基础。

1) 数据的隐私和可使用

数据是当前世界各国人工智能立法的首要命题,数据的隐私性、可使用性、准确性以及安全性是立法的关注重点。2018 年 5 月,欧盟《通用数据保护条例》正式实施,其中数据的最小化原则、目的限定原则、准确性原则、有限存储原则均对人工智能发展产生直接影响。2020 年 9 月,巴西正式发布《通用数据保护法》,规定数据质量原则、透明度原则、不歧视原则对人工智能输入数据的准确性、可控性和非歧视性提出严格要求。2021 年 1 月,美国《2021 年国防授权法案》颁布,该法案规定了一个全国性的研究云,以扩大计算能力和数据集的可用性。2021 年 4 月,欧洲人工智能委员发布《人工智能法》提案,对数据质量和可追溯性,透明度和人的监督,以及符合性评估。[1] 2021 年 6 月,中国通过了《中华人民共和国数据安全法》,明确将数据安全上升到国家安全范畴,建立了数据分级分类管理制度,并从多个方面规定了相关企业的数据安全义务。[2]

2) 算法的透明和可解释

算法也逐渐成为世界各国人工智能立法的热点,算法的透明和可解释是算法立法的核心内容。2016 年,法国通过《数字共和法》,尤为强调使用自动化决策的行政机关和数字平台运营者的透明度义务。2017 年,美国纽约市通过了《关于政府机构使用自动化决策系统的当地法》,提出建立相应的程序机制从而对数据使用的合比例性、解释和获取权、损害救济等问题加以规范。2019 年 4 月,加拿大出台《自动化决策指令》,对算法的透明度、评估和偏见等方面进行了规定。2020 年 4 月,美国联邦贸易委员会公布了《人工智能和算法的合规性框架》,对算法的透明度、可解释

---

〔1〕崔亚东:《世界人工智能法治蓝皮书(2020)》,上海人民出版社 2020 年版。
〔2〕《中华人民共和国数据安全法》,中华人民共和国主席令第八十四号,2021 年 6 月 10 日发布。

性、公平性、稳健性和合理性等方面进行了规定。2022年3月，中国发布的《互联网信息服务算法推荐管理规定》正式施行，明确要求保障用户的算法知情权和算法选择权，规定平台的算法要保证必要的透明性。[1]

3) 风险的管理和限制

自欧盟出台《通用数据保护条例》推行"基于风险的路径"以来，风险则成为世界各国人工智能立法的关键词，各国纷纷出台政策和法规对风险的管理和限制进行规定。2019年4月，美国在《算法问责法案》界定了"高风险自动化决策"的判定标准。2020年1月，美国管理和预算办公室发布了《人工智能应用监管指南》，以解决联邦机构使用人工智能的风险和不可接受的危害。2019年4月，加拿大颁布的《自动化决策指令》生效，要求联邦政府机构在使用自动化决策工具之前完成算法影响评估，以解决处理个人信息时候的风险。2021年1月，日本发布了《日本人工智能治理1.0版：中期报告》，提出风险管理应该与组织的背景和规模相称，认为当前政府需要提出促进人工智能创新和部署的非约束性指导方针。新加坡在2020年更新的《人工智能治理模式框架》中，为如何识别和应对与人工智能采用相关的风险等领域提供了指导意见。[2]

2.5.2　人工智能国际法律法规合作路径

考虑到人工智能国际合作的法律法规缺口问题，世界各国需要尽快发起国际立法和司法合作，创立人工智能国际法律机制和体系，维护人工智能在全球范围内研发和贸易的发展。[3]

2.5.2.1　立法路径：合作建立新的法律法规

对于复杂、关键或难以归类到现有国际法律体系中的人工智能法律法规需求，可以通过国家间的谈判和成员国国内的批准程序而达成新的国际法律法规。各国政府可以通过充分、全面地表达意见并与其他国家进行协商，以达成具有较高稳定性和较强合法性的国际人工智能法律条约。

［1］《互联网信息服务算法推荐管理规定》，国家互联网信息办公室令第9号，2021年12月31日发布。
［2］Allan Dafoe, AI Governance: A Research Agenda, Centre for the Governance of AI, Future of Humanity Institute, University of Oxford, (Aug. 27, 2018), https://www.fhi.ox.ac.uk/wp-content/uploads/GovAI-Agenda.pdf.
［3］刘敬东、王路路：《"一带一路"倡议创制国际法的路径研究》，载《学术论坛》2018年第6期，第13—23页。

2.5.2.2　司法路径：完善解释已有法律法规

对于临时性、过渡性或相对简单的人工智能法律法规需求，各国可以通过解释已有的国际条约、肯定新的国际习惯，从而将人工智能纳入当下的国际法律法规体系中。

2.6　监管体系合作

人工智能监管上的分歧会阻碍人工智能的创新和传播，也会导致高昂的监管成本，还会造成访问限制、数据本地化、歧视性投资等负面效应。而协调一致的国际人工智能监管体系，则可以减少监管负担和市场壁垒，促进人工智能在国际范围内的交流与发展。因此，各国应加强人工智能监管的交流与合作，以应对保护主义风险，避免人工智能的碎片化发展和紧张竞争局势。[1]

2.6.1　达成对人工智能相关术语的通用定义

采用共同的人工智能定义是构建国际监管体系的重要基础。确保所有国家在定义和更新人工智能相关术语方面都有发言权，并最终达成通用、中立和有包容性的人工智能术语定义，将有助于确保国家间立法的兼容性和监管的统一性，使国际人工智能合作更加顺畅。目前，已经有诸多国家开展了对人工智能的定义，如2019年2月加拿大出台的《自动化决策指令》，2020年2月欧盟发布的《人工智能白皮书》，2020年10月澳大利亚发布的《人工智能行动计划》，2018年6月日本经济产业省发布的《利用人工智能和数据的合同指引》，以及2021年9月中国发布的《新一代人工智能伦理规范》等政策法规都对人工智能及相关术语进行了定义。经合组织人工智能专家网络小组也对人工智能提出了定义，而且经合组织的定义已经引发了某种程度的趋同。例如，欧盟人工智能法案提出的定义与经合组织的定义大体一致。

2.6.2　建立基于风险的人工智能监管方法

无论是在国家战略中，还是在双边或多边环境中，基于风险的人工智能监管得到了许多政府和机构的认可。然而，基于风险的监管方法在国际的合作与统一上仍然存在挑战。各国需要从风险的分类、风险分析的方法、风险过高的情况和原

---

〔1〕中国信息通信研究院、中国人工智能产业发展联盟：《人工智能治理白皮书》，http://www. caict. ac. cn/kxyj/qwfb/bps/202009/t20200928_347546. htm，第53—63页。

因,以及风险评估的主体和内容等方面进行交流与合作,探讨如何应对风险,同时实现利益最大化。基于风险的方法是美国和欧盟的人工智能政策框架的核心,两者都为进一步探索人工智能的风险评估和风险管理提供了参考。2021 年,欧盟拟定的《人工智能法》提案在监管人类健康风险的基础上,列出了风险评估和问责的一系列详细步骤和做法。美国行政管理和预算局(OMB)的十大原则就包括风险评估和管理,而美国国家标准与技术研究所(NIST)正在开发"人工智能风险管理框架",该框架以现有的人工智能标准、产业实践等内容为基础,旨在为评估和管理人工智能产品、服务和系统的风险情况提供指导。[1] 此外,2021 年 9 月,中国国家工业信息安全发展研究中心发布了《人工智能安全风险及治理研究》,报告界定了人工智能风险的范围,分析了人工智能及其典型应用场景的风险。

2.6.3 制定人工智能系统的国际审计标准

建立通用和兼容的人工智能审计框架,将有效地促进人工智能解决方案在国际市场上的发展。此外,人工智能审计、监测监督和国际标准的交流,将促进第三方审计标准的出现和人工智能审计国际市场的繁荣。世界各国及国际组织在人工智能审计方面已经做了大量的工作。例如,欧盟高级别专家组于 2020 年 6 月发布了《可信人工智能评估清单》,就如何对人工智能的可信度进行自我评估提出了建议;英国信息专员办公室发布了《AI 审计框架指南》,提出开发和部署人工智能系统时的实践案例,并侧重于问责和治理、数据保护影响评估,以及人工智能系统中的个人权利等方面。同年,人工智能合作组织(The Partnership on AI)主持了重要讨论,旨在开发端到端的内部算法审计方法。2021 年 6 月,世界卫生组织发布《人工智能促进卫生的伦理和治理指南》,提出加强卫生领域的算法审计工作等。

随着人工智能的加速发展,未来配备超过人类的心智能力和计算资源的强人工智能可能会出现,为人类社会带来更多的便利,并极大程度地推动人类社会发展。强人工智能将能够以人类水平(或更高)的熟练程度(或更高水平)完成相同的任务(以及并行任务),但具有自己的思想意识,可能会出现变异、不可控的问题,可

---

[1] Kimberly A. Houser & Anjanette H. Raymond, It Is Time to Move Beyond the 'AI Race' Narrative:Why Investment and International Cooperation Must Win the Day, Social Science Electronic Publishing(March 2021).

能被用来更多地操纵人类,甚至给人类带来毁灭性的打击,这使得强人工智能的威胁更加难以预测。例如,未来强人工智能赋能战场,将不仅能够高度熟练地快速处理战场数据以进行打击前后的决策,而且它会在意识到自己和自己的动机的情况下这样做。因此,基于强人工智能的致命自主武器应被视为大规模杀伤性武器。与此同时,世界各国应以实现人类社会"共同繁荣"为愿景,通过多边条约协议制定强人工智能开发与使用规则,防止强人工智能滥用和对抗性强人工智能系统以复杂、不可预测和可怕的方式带来的不可预测性。

3. 重视构建人工智能评测平台体系

随着人工智能的发展,特别是近些年的快速发展,在取得可喜成绩的同时,国际社会对人工智能发展带来的安全和伦理问题的重视程度与日俱增。我们认为,随着人工智能技术发展,社会属性问题也紧随而来。主要有:一是安全问题,已经发生,主要涉及国家安全、社会安全、经济安全、个人安全等方面;二是伦理问题,也已经发生,主要涉及人们的隐私、公平、透明、歧视、就业等;三是不可控或变异安全问题,尚未发生,属于非常规问题,未来如果出现,对人类社会可能会造成不同程度的伤害,或被机器控制等。为此,国际社会提出了"技术 + 规则"的人工智能发展与治理模式,并日趋深入人心。截至 2022 年 4 月,我们总共收集了国际和国内与人工智能治理有关的文本,共 187 个件,主要来自国际组织,如:联合国、国际标准组织、有代表性的地区和国家等。内容主要包括人工智能战略、规划、原则、宣言、法律、法规、指南、标准等等,并进行了归类和研判,认为:人工智能治理工作目前正在加速可操作化;国际有关标准组织制定人工智能的标准开始进入"井喷期"。得到的启示是:一是为了确保未来人工智能可以得到持续健康发展,防止出现各类问题,特别是防止机器控制人的问题;二是有利于国际接轨与全球化发展,也就是说使人工智能产品进出国门都有规则可依,相互尊重,找到合作发展的共同点。当前,在人工智能治理方面,国际社会面临的共同问题是"技术 + 规则"模式如何落地,也就是说如何确保带有人工智能功能的产品进入市场后没有安全和伦理问题。

3.1 人工智能评测情况的国内外现状

3.1.1 人工智能安全评测的现状

2019年2月，美国总统特朗普签署了《维护美国在人工智能时代的领导地位》行政命令(也被称为"美国人工智能倡议")，明确将加强人工智能测试评估作为战略重点。从技术角度看，人工智能评测平台的核心评测对象应当包含数据、模型算子、机器学习框架等核心维度。现阶段，人工智能安全评测主要集中在常规的安全问题，即对已掌握的各种前沿人工智能攻击技术的防护，基本可以归纳为安全理论与防护技术、安全问题的评测与标准、人工智能安全评测平台三个方面。

3.1.1.1 人工智能安全理论与防护技术

当前，研究人员对于人工智能的常规、可预见的安全问题进行了广泛的研究，成功地在不同场景下针对不同应用进行了有效攻击，典型场景包括计算机视觉领域的图像分类、目标检测、自动驾驶、行人识别、人脸识别、动作识别、人脸生成等。例如，美国谷歌公司第一次发现并定义了出现在计算机视觉领域的对抗样本，通过在图像上加入人眼无法识别的噪音，使得图像分类错误。又例如，加州大学伯克利分校的研究团队通过对交通路牌加上噪音和涂改，可误导自动驾驶视觉系统发生误判。除计算机视觉领域外，研究者还发现对抗样本对于自然语言处理、语音识别等多种智能系统都能够产生很强的迷惑性和攻击性，可以迫使智能系统产生攻击者期望的输出结果。除了对抗样本，以深度学习模型为代表的人工智能系统对于雨、雪、雾、高斯噪音等在内的自然噪音也十分敏感。因此，对人工智能安全评测技术的开发，需要同时考虑多种真实应用场景下人工智能系统的安全性、鲁棒性、可信性。

在相应的安全防护技术方面，典型成果包括：①模型训练增强，即重点训练模型在对抗环境下的可靠性与稳定性，设计深度学习自我修复与防御机制；②对抗样本特征判别，即从数据分布的角度区分良性样本和对抗样本，设计对抗样本智能甄别算法；③梯度掩盖技术，即通过对模型增加特殊预处理模块，隐藏模型的梯度，从而提升模型的安全防护能力等。然而，这些研究成果目前仍处在初级阶段，对应用场景也有诸多限制，比较孤立，无法形成完整的体系。因此，如何形成人工智能安全性与可信性的完整理论体系，有效提升人工智能安全评测与防护技术水平是亟待研究与解决的关键科学问题。

值得引起重视的是,人工智能安全防护的前提是评测。为应对恶意攻击与噪声鲁棒性等问题,研究者们从多方面入手,对人工智能安全理论进行了分析,并提出了多种安全评测技术。在安全评测技术方面,根据2021年8月ITU(国际电信联盟)发布的《ITU - T F. 748. 12 Deep learning software framework evaluation methodology》标准[1],提出了需要针对人工智能框架的生态、易用性、性能、支持架构、底层优化、安全性和稳定性等诸多方面进行系统化的测试评估,但该标准并未给出具体的测试方法。由于实际场景中深度学习系统的输入空间非常大,大规模深度学习系统自动测试技术往往要求:生成尽可能触发不同系统逻辑的测试数据,以便主动识别出系统的任何错误行为。典型测试方法包括:一是错误定位技术[2],即通过探索模型结构、参数、权重和输入的组合,生成不同的测试用例;二是DeepBench技术[3],即支持在不同人工智能框架和不同硬件平台上,测试人工智能基础算子的组合效用,如密集矩阵乘法和卷积等;三是神经元覆盖率技术[4],为深度学习模型测试的完备性提供了有效的测试指标。

3.1.1.2　人工智能安全评测与标准

以上述对抗样本为典型代表的人工智能攻击技术的出现暴露了智能模型与系统的安全问题,鉴于目前针对人工智能安全问题的测试技术尚处在初级阶段、应用场景比较孤立且无法形成完整的体系等问题,研究出台一套较为完整的安全评测与标准体系,保障推进人工智能产业应用与发展已经刻不容缓。

目前,国内外已在人工智能安全评测方面开展了诸多研究。例如,法国率先提出了《人工智能神经网络鲁棒性评估》标准,在人工智能鲁棒性研究项目基础上,通过交叉验证、形式化验证、后验验证等多种形式评估神经网络的鲁棒性。我国的百度公司开发并开源了AdvBox工具包,通过提供对抗样本生成工具帮助用户评估深

---

〔1〕ITU - T F. 748. 12 Deep learning software framework evaluation methodology. 2021.
〔2〕Guo Q, Xie X, Li Y, et al. Audee:Automated testing for deep learning frameworks. Proceedings of the 35th International Conference on Automated Software Engineering. 2020:486 - 498.
〔3〕Schefke T. DeepBench:Open-Source Tools for AI in the Sky. Fermi National Accelerator Lab. Batavia, IL (United States). 2020.
〔4〕Pei K, Cao Y, YangJ, et al. Deepxplore:Automated whitebox testing of deep learning system. Proceedings of the 26th Symposium on Operating System Principles. 2017:1 - 18.

度学习模型,工具包提供了攻击成功率等评价指标,使用者能直观地查看模型在某种攻击下的防御效率。北京航空航天大学研究团队联合国内 20 多家研究机构和企业,制定形成了人工智能团体标准《信息技术人工智能机器学习模型及系统的质量要素和测试方法》(T/CESA 1036—2019),针对典型应用场景构建了测试方案库,形成了覆盖人工智能算法全生命周期的对抗安全评测指标和评测系统,包含人工智能算法功能测试、安全性评测、强对抗测试等。该评测框架主要包含以下三个基本组成部分:

其一是全生命周期全要素评测与标准。研究对抗安全评测环境下,人工智能算法对抗安全性指标及测量方法,建立适用于包括已有的经典和先进的人工智能算法及模型的测试标准体系,流程覆盖人工智能算法的全生命周期各个阶段,包括训练、验证、测试等,包含模型的动态行为和静态结构,兼顾功能分析、性能分析和可靠性分析等通用软件工程评测手段和神经单元敏感性、最小决策面距离等人工智能模型专用测试指标,衡量给定的算法和模型的功能的完备性、对抗安全性等因素,形成通用、覆盖全生命周期的人工智能算法对抗安全评测及标准。

其二是人工智能安全评测方法。针对异构的人工智能模型在不同数据集上的通用表现,需要研究其行为表征和决策模式,建立测试需求描述模型,规范算法测试标准需求,提出包括基本功能性和对抗鲁棒性的人工智能算法对抗安全评测指标;研究测试用例构造准则和方法,解决人工智能模型的动态性和测试需求庞杂的问题;研究自动测试的收敛性、正确性以及测试用例有效性评估方法,给出系统可信性依据。

其三是典型人工智能场景的测试方案库。结合人工智能算法的全生命周期评测体系,支持典型的人工智能算法应用的评测,通过对包含航空、军事等不同领域应用场景的典型人工智能算法和模型进行应用案例实证研究,给出典型应用的测试方案库,进行实证研究,为提高算法和模型的安全性和可靠性打下了一定的基础。

3.1.1.3 人工智能安全评测平台

现阶段,国内外已出现了一些支持人工智能算法安全性评估的算法评测平台,例如美国哥伦比亚大学和理海大学研究人员联合提出的名为 DeepXplore 的深度学习白盒测试框架,在深度模型中已经定位出数以千计的不正常的边界行为。美国弗吉尼亚大学和哥伦比亚大学研究人员提出 DeepTest 框架,解决自动驾驶的机器学习模型的质量的自动评估问题。

国内研究者在神经网络对抗性测试、深度学习平台等方面也开展了相关研究,例如阿里巴巴联合美国 UIUC 大学开发的对抗性测试平台 DeepSec,利用对抗样本技术对原始图像针对性干扰,显著降低人工智能模型识别率。清华大学提出的 RealSafe 人工智能安全评测平台,支持多种人工智能算法的漏洞检测与修复。北京航空航天大学专门面向航空航天领域的人工智能安全测试问题,搭建了模型安全评测平台"重明",融合了航空航天领域不同场景、不同任务下的对抗攻击算法并构建评测数据集,形成了相应的人工智能系统对抗攻防与评测的资源库,如智能无人机视觉导航、安检影像危险品识别分析、视频异常行为检测等。

总体看,当前国内外现有的安全评测主要针对特定业务领域,处于初级阶段,尚缺乏支持多场景、支持多评测与标准的人工智能安全评测平台体系。

3.1.2 人工智能伦理评测的现状

从伦理的角度看,对于人工智能产品的评测势在必行,世界各国的政府、企业、学界和非政府组织纷纷展开了相关的探索。按照网站"人工智能伦理学家"(https://www.aiethicist.org/frameworks-guidelines-toolkits)的统计,世界上存在 200 多项人工智能伦理评测方面的框架、指导意见、检查清单、工具箱等。初步的研究发现,目前已经开展的人工智能伦理评测工作,其内容上有一定的共性规律,在评测方法上以定性的风险分级为主,在评测制度上以非强制性的用户自测为主。综上,目前国际社会对于人工智能产品的伦理评测处于起步和摸索的阶段,距离建立一个全面、客观、具有普遍公信力的人工智能伦理评测平台体系还有很长的路要走。

3.1.2.1 人工智能伦理评测内容

人工智能伦理评测的主要内容,可以分为对于人工智能产品符合的实体性要求和符合的程序性要求两个方面。

在对于人工智能的实体性要求方面,首先是"高线",即对人工智能带来的社会益处的评测。以英国统计局(UK Statistics Authority)下属应用数据伦理中心(Centre for Applied Data Ethics)发布的伦理自我评估工具(Ethics Self-Assessment

Tool)为例[1]，该工具要求使用政府数据的研究者首先考虑对于公共数据的使用是否服务于公益目的（public good），比如本研究是否会为公众提供显著的福利（public benefit）？如果是的话，那么本研究的公益目的是否服务于整个人群（population coverage）？如果不是的话，那么本研究是否有可能对于公众造成伤害（potential harm）？美国约翰斯·霍普金斯大学等机构发布的伦理与算法工具箱（Ethics & Algorithms Toolkit）为评估人工智能的社会影响提供了更细化、更有可操作性的方式，[2]具体而言：首先描述算法的影响。确定谁会受到算法的影响，算法的主要影响对象（比如企业）、次要影响对象（比如顾客）、非预期影响对象（比如街区、相似企业）分别是谁？对于每一个有可能受影响的对象，算法影响的方面是什么（比如对社会福利的影响、经济方面影响、声誉方面影响、人身影响、隐私影响、情感影响等等）？其次，确定算法影响的范围（scope）。对于以上每一个受影响对象，受的每一方面影响的严重程度是什么（无法辨识、轻微、中度、严重）？受到影响的波及面有多大（少量人/物受影响、中量人/物受影响还是大量人/物受影响）？严重程度（深度）和波及面（广度）两个因素叠加，得出算法影响的范围（非常有限、有限、较大、很大）。最后，估计算法影响的方向（正向、基本正向、基本负向、负向）。基于算法影响的范围和方向两个因素的叠加，计算出最后的整体影响风险得分（风险很小、风险小、风险中等、风险较大、风险高、风险极高），依次对于每个受算法影响对象的每个受影响方面循环重复进行。除了对于人工智能产品的社会影响的评测外，在"高线"部分还可对于人工智能产品的公众接受度进行评测，如英国统计局对于公众是否支持一个研究项目的目的和方法，以及研究过程中公众是否参与等方面进行评测。

在对于人工智能的实体性要求方面，其次是"底线"，即对人工智能带来的社会风险的评测。重点评测三方面内容：隐私性，合法性，公平性。在隐私性方面，最重要的是在人工智能产品的开发应用中不存在数据主体身份被识别的风险，以及数据使用得到了数据主体的知情同意。以英国统计局的伦理自我评估工具为例，该

---

[1] https://uksa. statisticsauthority. gov. uk/the-authority-board/committees/national-statisticians-advisory-committees-and-panels/national-statisticians-data-ethics-advisory-committee/ethics-self-assessment-tool/.

[2] https://ethicstoolkit. ai/.

工具评测的内容包括：通过研究结果能否直接倒推出数据主体的身份（direct identification）？通过研究结果和额外的数据源能否间接倒推出数据主体的身份（indirect identification）？数据是否安全（data security）？数据主体是否对数据的使用方式给出过许可（ethical consent）？如果获得过许可，那么数据的使用方式是否在数据主体的许可范围之内（permitted use of data）？在合法性方面，需要评测人工智能产品对于数据的使用是否符合数据保护立法、人权立法等。在公平性也即非歧视方面，需要评测数据（包含训练数据和真实数据）的代表性和质量，以及训练数据和真实数据之间的匹配程度。以约翰斯·霍普金斯大学的伦理与算法工具箱为例，评测的问题包括：训练数据和真实数据提供的样本是否代表了目标人群？训练数据和真实数据的质量如何（数据采集的自动化、结构化和可验证程度）？训练数据的范围是否和真实数据范围一致（防止出现过度匹配或者匹配不足的情况）？

对于人工智能的程序性要求，指的是无论一项人工智能应用对于社会影响为何，理想来说都应该符合的要求。重点评测三方面的程序性内容：透明性，可问责性，有效性。在透明性方面，需要评测一项人工智能应用采取的算法和数据来源可以在多大程度上向公众公开。在可问责性方面，需要评测一项人工智能应用作出决定的自动化程度，算法向一个外行解释的容易程度，以及对于人工智能应用进行审计和评估的容易程度。在有效性方面，需要评估一个人工智能算法是否可以实现其预设目的，即评测数据的使用方法和数据质量，是否可以保证得出有效的结果。

3.1.2.2　人工智能伦理评测方法

目前来看，对于人工智能伦理的评测主要以定性风险分级为方式，评测工具的载体经常是一个精心设计的 Excel 表格。按照这个表格，实施评测者对于人工智能应用的各个方面逐项打分。以上节讨论过的人工智能应用带来的社会益处为例。英国统计局的伦理自我评估工具按照一项研究带来社会益处的大小，将其区分为具有显著社会益处的低风险应用、可能有社会益处的中风险应用，以及基本不具备社会益处并且不符合最佳实践标准的高风险应用，并且把中风险设为阈值，即在社会益处上得到中风险和高风险打分的人工智能应用，需要寻找降低风险的途径，并且与英国统计局的数据伦理团队进行交流（见图 2）。美国约翰斯·霍普金斯大学的伦理与算法工具箱针对一项人工智能应用社会影响的评测更加细化，按照社会影响的深度和广度以及社会影响的正向和负向,将该应用对于某个对象某个方面的影响风险打为很低、低、中、高、很高(见图 3)。

1. Public benefit

This research will provide a significant public good in line with best practice guidance

Potential to achieve public good which requires further exploration

Negligible public good that is not in line with best practice guidance

图 2　英国统计局伦理自我评估工具中的社会益处(public benefit)

Overall Impact Risk		Overall Direction			
		Positive	Mostly Positive	Mostly Negative	Negative
Scope	Very Narrow	Very low	Very low	Low	Moderate
	Limited/Narrow	Very low	Low	Moderate	Significant
	Substantial	Low	Moderate	Significant	High
	Broad/wide ranging	Moderate	Significant	High	Extreme

图 3　约翰霍普金斯大学伦理与算法工具箱中的整体影响(overall impact)

　　显而易见,定性地针对人工智能产品的伦理评测方法存在主观性过强的问题,难以作为客观标准。因此有两种约束主观性过强的方案可以参考。一种是法学的方式,法律条文经常涉及语句含义模糊的问题(比如什么构成“情节严重”),在这种情况下约束法律执行者的裁量权的方式是通过判例不断细化和丰富对某个概念的理解。同理,对于人工智能的伦理评测也可以参考“判例法”的形式,通过在不同人工智能应用案例间的比较形成统一标准,积累监管经验。

　　约束伦理评测主观性的另一种方法是社会仿真学(simulation)的方式,即对于一项人工智能应用的社会影响进行模拟和预测。这方面一项值得注意的尝试是谷歌发布的“机器学习公平练习场”(ML-fairness-gym)[1],这个工具可以在一定约束条件下对于算法的社会后果进行模拟,比如在银行借贷的例子中,该工具发现银行

---

〔1〕https://ai.googleblog.com/2020/02/ml-fairness-gym-tool-for-exploring-long.html? m = 1.

相比采取利益最大化的贷款策略,采取以不同群体间机会平等为基础的利益最大化的贷款策略,会在长期内导致相对低信用群体获得的贷款相对变多但是信用相对变差,即造成所谓的过度借贷(over lending)问题。然而显而易见,这样的模拟结果针对高度简化后的环境,在复杂的现实生活中的应用前景还有待观察。

3.1.2.3　人工智能伦理评测制度

目前,绝大多数国家对于人工智能产品的伦理评测采取非强制性的自测,第三方开发的伦理评测工具的主要作用是帮助人工智能产品的使用者(以企业为主)从设计阶段起就把伦理问题考虑在内,达到"设计实现伦理"(ethics by design)的效果。除了已经提及的美国约翰斯·斯霍普金斯大学的伦理与算法工具箱外,类似的第三方伦理评测工具还包括加拿大开放机器人伦理学研究所开发的人工智能伦理工具包[1]、荷兰信息社会平台开发的人工智能伦理评估[2]、微软公司开发的人类-人工智能互动工作手册[3]等等。以上评测虽然不是强制性的,但是在人工智能治理日趋升温的当下,依然为希望符合人工智能伦理要求或者回避可能的违反伦理风险的人工智能开发者和使用者,提供了富有参考意义的指导方案。

此外,英国[4]、加拿大[5]等少数政府已经开始对使用官方采集的数据的或者对被公共部门采用的人工智能产品进行强制性的伦理评测,但是截至目前评测结果并不作为人工智能产品采纳或者上市的依据。总而言之,从目前的全球情况看人工智能伦理评测的制度尚不成熟,但是在涉及公共服务和涉及医疗、司法的应用场景当中对于人工智能的伦理评测可能会最早实现制度化。

3.2　构建人工智能评测平台体系将造福未来

构建人工智能评测平台体系意义不仅是针对当前已经出现的安全和伦理问题进行必要的把关,更重要的是防止未来智能机器人控制人类做好必要的准备。当前,人类社会是一个三元结构,即由人、物、人的社会构成。随着人工智能的发展,

---

〔1〕 https://openroboethics. org//ai-toolkit/.

〔2〕 https://ecp. nl/wp-content/uploads/2019/01/Artificial-Intelligence-Impact-Assessment-English. pdf. .

〔3〕 https://www. microsoft. com/en-us/haxtoolkit/workbook/.

〔4〕 https://uksa. statisticsauthority. gov. uk/publication/ethical-considerations-in-the-use-of-machine-learning-for-research-and-statistics/.

〔5〕 https://open. canada. ca/aia-eia-js/? lang = en.

并不断与其他新兴技术融合发展,有可能会导致四元结构的出现,即人、物、智能机器人、社会。对于人类来说,几乎无一不认为:在未来人机融合的时代中,前提是人必须控制机。因此,在不可思议的事情远未发生之前,结合当前实际发生情况,研究与实践相结合,逐步规划、循序渐进构建人工智能评测平台体系的意义就非同一般了,也是造福人类未来的一项系统工程。构建人工智能评测平台体系带来的好处主要有:

一是人工智能评测平台体系是未来社会发展的重要基础设施之一。结合知识产权、技术标准、法律法规、监管科学、依规执法等,开展评测,有助于未来人工智能发展带来的社会治理"技术 + 规则"模式落地,是社会发展的重要基础设施之一。

二是人工智能评测平台体系是人工智能与治理深度融合的平台。由于人工智能发展具有"技术 + 规则"的显著特性,未来发展中就要求人工智能理论、技术、应用等,均需要考虑对人的影响,因此人工智能与治理必须是深度交叉融合发展,而不是并行无关的关系。因为人工智能与治理融合,这个平台体系又将是相关专业人才、交叉人才、管理人才等培养、成长与发挥作用的重要舞台。

三是人工智能评测平台体系是人工智能产业及赋能各行各业持续健康发展的基础保障。判定带有人工智能功能的产品是否符合安全和伦理,国际上目前软性要求远多于硬性要求,更没有权威的评测平台体系作为基本保障,很大程度上影响了人工智能自身产业和赋能产业的发展。构建人工智能评测平台体系一方面需要研究突破人工智能方法的脆弱性机理、人工智能安全与伦理的完整性评测与标准体系,全方位覆盖各种应用场景。另一方面还可以围绕产业术语、参考框架、算法模型、基础理论、关键技术、标准及产品与服务、行业应用等方面,为各领域人工智能应用提供保障。

四是人工智能评测平台体系是国际交流与合作、国际规则制定的重要基础,也必然是国际准则与规则的执行者。随着人工智能产品的大量进入全球市场,必然会引发人们对安全和伦理问题的担忧,因此人工智能国际交流与合作只有不断加强与扩大,并适时共同制定相关国际准则与规则,推动全球治理体系的更新或重构,确保人工智能可持续健康发展。其中,构建国际互认互信的人工智能评测平台体系,有利于国际交流与合作,有利于人工智能国际准则与规则的制定、完善与落地。循序渐进地构建人工智能评测平台体系可以分为三步：一是先从常规安全问题评测着手，并尽快落地；二是积极开展伦理问题评测研究，使软性规则逐步转变为刚性要求或具有可操作性；三是加强非常规安全问题（变异）前瞻性研究。

总而言之，人类只要拥有人工智能评测平台体系，即可能拥有未来。

致谢

　　《人工智能与国际准则》研究项目的完成并形成书稿,首先感谢各章的研究执笔人,他们在长达一年多的写作时间里始终用最高的标准要求自己,屡次推倒重来,没有怨言;同时,感谢上海交通大学林忠钦教授专门为本书撰《序》。其次,感谢上海交通大学各相关部门的通力配合,尤其是上海交通大学中国法与社会研究院、上海交通大学人工智能研究院等单位的大力支持,以及阿里巴巴集团相关规范研究部门来自产业视角的贡献。最后,感谢上海三联书店提供的高效、专业的出版协助。我们希望本书的出版,有助于推动人工智能的持续健康发展。

李仁涵

2022 年 7 月

图书在版编目(CIP)数据

人工智能与国际准则/李仁涵编著. —上海：上海三联书店，
2022.9
ISBN 978 - 7 - 5426 - 7867 - 6

Ⅰ.①人… Ⅱ.①李… Ⅲ.①人工智能－国际标准
Ⅳ.①TP18 - 65

中国版本图书馆 CIP 数据核字(2022)第 166059 号

人工智能与国际准则

编　著 / 李仁涵

责任编辑 / 杜　鹃
装帧设计 / 一本好书
监　制 / 姚　军
责任校对 / 王凌霄

出版发行 / 上海三联书店
　　　　　(200030)中国上海市漕溪北路 331 号 A 座 6 楼
邮　箱 / sdxsanlian@sina.com
邮购电话 / 021 - 22895540
印　刷 / 上海惠敦印务科技有限公司

版　次 / 2022 年 9 月第 1 版
印　次 / 2022 年 9 月第 1 次印刷
开　本 / 710 mm×1000 mm　1/16
字　数 / 170 千字
印　张 / 10.75
书　号 / ISBN 978 - 7 - 5426 - 7867 - 6/TP·53
定　价 / 68.00 元

敬启读者,如发现本书有印装质量问题,请与印刷厂联系 021 - 63779028